Plauderei über natürliche und künstliche Intelligenz

Harry Paul

Nichts auf der Welt ist so gerecht verteilt wie der Verstand. Denn jedermann ist überzeugt, dass er genug davon bekommen habe.
  Renè Descartes

Danksagung.

Dem Team des tredition Verlages danke ich sehr herzlich
für die große Hilfe bei der Druckvorbereitung.

Harry Paul

Inhalt

Erster Teil

Natürliche Intelligenz

Ein intelligenter Orang-Utan

Sicherlich kennen Sie den Spruch "Über Geld spricht man nicht. Geld hat man." Ähnliches gilt für die Intelligenz. Entweder man hat sie oder man hat sie nicht. Wenn ja, wurde sie einem allem Anschein nach in die Wiege gelegt, modern ausgedrückt, steckt sie in den Genen. (Allerdings haben die Wissenschaftler noch kein Intelligenzgen, oder eine Gruppe davon, ausfindig gemacht.) In der Regel schließen wir auf das Vorhandensein von Intelligenz aus intelligenten Leistungen. Das höchste Lob lautet: ein Geniestreich!

Wir sollten uns allerdings vor dem Irrtum hüten, Intelligenz sei ein Privileg des Menschen (homo sapiens). Tatsächlich stoßen wir auf intelligentes Verhalten schon im Tierreich. Hierzu ein instruktives Beispiel! Der bekannte Verhaltensforscher Konrad Lorenz berichtet von einem Experiment mit einem Orang-Utan (Die Rückseite des Spiegels, Deutscher Taschenbuch Verlag, München 1977): "Der Affe wird vor die Aufgabe gestellt, eine Kiste, die in einer Ecke des Raumes steht, unter eine Banane zu schieben, die in der gegenüberliegenden Ecke an einem Faden von der Decke herabhängt. Zunächst durchwandern die Blicke des Affen ziemlich ratlos die Raumdiagonale zwischen der links unten stehenden Kiste und der rechts oben hängenden Banane. Dann wird der Orang böse, weil er keine Lösung findet; er versucht sich der peinlichen Lage durch Wegwenden ... zu entziehen. Das Problem lässt ihm aber keine Ruhe, er wendet sich der Versuchsanordnung wieder zu. Da plötzlich beginnen seine Blicke andere Wege einzuschlagen. Sie gehen zur Kiste, von dort zu dem Ort am Fußboden genau unter der Banane, von da empor zum lockenden Ziel, wieder lotrecht hinab zum Boden und zurück zur Kiste. Dann folgt blitzartig der erlösende und problemlösende Einfall, der an dem ausdrucksvollen Gesicht des Orang eindeutig abzulesen ist, und sogleich begibt er sich, vor Freude einen Purzelbaum schlagend, zur Kiste, schiebt sie unter die Banane und holt sich diese. Er braucht zu dem noch nötigen einsichtigen Verhalten kaum ein paar Sekunden. Niemand, der eine solche Problemlösung an einem Affen beobachtet hat, kann ernstlich daran zweifeln, dass das Tier im Augenblick der Lösungsfindung ein dem unseren analoges Aha-Erlebnis ... hat."

Die Parallele zu menschlichem Verhalten geht sogar noch weiter. An die Stelle der Purzelbäume treten dann oft Freudentänze. So schildert der Chemiker Frederick Soddy, was unmittelbar danach geschah, als er zusammen mit Ernest Rutherford die erste radioaktive Umwandlung eines chemischen Elements (Thorium) in ein anderes (Argon) entdeckt hatte: Dann begann er (Rutherford) im Laboratorium einen Walzer zu tanzen, seine gewaltige Stimme dröhnte: 'Onward Christian so-ho-hojers'.

Menschliche Intelligenz

Beginnen wir mit einem hübschen kleinen Beispiel für intelligentes Verhalten! Max von Laue, ein prominenter deutscher Physiker, war während der Nazi-Zeit in Berlin geblieben. Um die Korrespondenz mit seinem, in die USA emigrierten (und von den Nazis verpönten) Freund Albert Einstein ungestört fortsetzen zu können, schlug er der Zensur ein Schnippchen. Er adressierte seine Briefe einfach an Professor Albert, und sie kamen immer an.

Eine der größten Intelligenzleistungen der Menschen ist zweifellos die "Zähmung" des Feuers, die in der Kunst des Feuermachens (anfangs wohl durch Reiben trockener Hölzer) gipfelt. Anders als beim Werkzeuggebrauch ist dies dem Menschen allein gelungen. Um diese Großtat gebührend würdigen zu können, müssen wir uns vor Augen halten, dass Mensch wie Tier ein Feuer, das in einer Steppe oder einem Wald ausbricht (verursacht meist durch Blitze, heutzutage auch durch Brandstiftung), als ein furchteinflößendes Inferno erlebt. Da bleibt (oft auch heute noch!) nur die Flucht.

Die Folgen des Gebrauchs von Feuer können nicht hoch genug eingeschätzt werden. Zum einen konnte durch Kochen und Braten die Nahrung effektiver genutzt werden als beim bloßen Verschlingen. Das scheint vor allem dem Gehirn zugute gekommen zu sein, dessen rasantes Wachstum die menschliche Entwicklung entscheidend voranbrachte. Zum anderen war durch die Nutzung des Feuers die Gewinnung und Verarbeitung von Erzen gewissermaßen vorprogrammiert, man musste sich nur die

10

zurückgebliebene Schlacke genauer ansehen.

Ich kann unmöglich all die Entdeckungen und wissenschaftlichen Erkenntnisse aufzählen, die wir der Intelligenz von Forschern verdanken. (Auf die Erschaffung der Sprache als einer Intelligenzleistung par excellence werde ich in einem späteren Kapitel noch detailliert eingehen). Ich möchte im folgenden zur Abwechslung an zwei Beispielen zeigen, dass man "mit Köpfchen" auch ein Vermögen machen kann, ohne dass man jemanden übers Ohr hauen muss.

Der bekannte ungarische "Börsenguru" Andre Kostolany erzählte einmal, wie es ihm gelang, den Grundstein zu seinem Vermögen zu legen. Als Konrad Adenauer Chef der ersten (west-)deutschen Nachkriegsregierung geworden war, würde er nach Kostolanys Einschätzung bemüht sein, neues Vertrauen auf den internationalen Finanzmärkten zu gewinnen und sich das einiges kosten lassen. Einen Prüfstein hierfür würden die seinerzeit von der Nazi-Regierung im Ausland (namentlich in Frankreich) ausgegebenen Staatsanleihen abgeben. So wie er die Deutschen kannte, würden sie diese zurücknehmen, und noch dazu zu einem ordentlichen Preis. Diese Rechnung ging in der Tat vollständig auf. Kostolany kaufte rechtzeitig alle Anleihen, deren er habhaft werden konnte, zu einem Spottpreis auf, und der von der Bundesregierung festgesetzte Rücknahmepreis übertraf sogar noch seine Erwartung.

Auch Voltaire, der geistreiche Literat und Philosoph, benutzte seinen Verstand dazu, viel Geld zu "machen". Dabei hatte er eigentlich nur etwas Naheliegendes getan, aber anscheinend war kein anderer auf die gleiche Idee gekommen. Folgendes ereignete sich. Es wurde eine Lotterie aufgelegt, und

Voltaire stellte an Hand einer simplen Rechnung fest, dass der auszuschüttende Gewinn die Summe aller Lospreise deutlich überstieg. Er zog daraus sogleich die Konsequenz: Er pumpte sich so viel Geld, dass er sämtliche Lose aufkaufen konnte, und sicherte sich so den Gewinn. – Ich finde, man sollte diese Geschichte den Schülern erzählen, damit sie sehen, dass "Mathe" doch zu etwas nütze ist.

Selbstverständlich haben auch wir normalen Menschen Aha-Erlebnisse. Man grübelt manchmal tagelang über ein Problem, und plötzlich "fällt es einem wie Schuppen von den Augen". Ich muss allerdings zugeben, dass solche Momente der "Erleuchtung" recht selten sind. Werfen wir daher lieber einen Blick auf das Alltagsleben, in dem Intelligenz bekanntlich schon eine große Rolle spielt. Zur Illustration eignet sich der folgende Witz. Ein verliebter Mann und seine Begehrte unterhalten sich. Er: "Du bist die schönste Frau, der ich jemals begegnet bin. Ich bewundere dich." Sie: "Du willst mich doch bloß ins Bett kriegen!" Er: "Und intelligent bist du auch noch!" Intelligent sein bedeutet also in erster Linie, nicht alles zu glauben, was einem erzählt wird, oder, wie man so schön sagt, sich kein X für ein U vormachen zu lassen. Und man kann natürlich seine Intelligenz auch dazu benutzen, sich einen Vorteil zu verschaffen, sprich, einen anderen "hinters Licht zu führen" oder ihn gar hereinzulegen. Ein Beispiel hierfür findet sich im nächsten Abschnitt. '

Schließlich rechne ich auch Schlagfertigkeit zu den Zeichen von Intelligenz. Hierzu möchte ich ein eigenes Erlebnis zum Besten geben. Ich war vor ein paar Jahren im Publikum, als der renommierte Wiener Quantenphysiker Anton Zeilinger zum Ehrenmitglied der Berliner Urania ernannt wurde. Klaus Wowereit, der damals noch Regierender Bürgermeister von Berlin war, ließ es sich nicht nehmen, selbst die Laudatio zu halten (sprich, abzulesen). Und dabei unterläuft ihm doch ein Versprecher. Er wendet sich mitten in seiner Rede an Zeilinger mit den Worten "Sehr geehrter Herr Heiliger! " Und wie reagiert er darauf? Ohne einen Augenblick zu zögern, sagt er "So weit sind wir noch nicht! " Ich fand das einfach großartig (zumal mir selbst Schlagfertigkeit abgeht).

Übrigens kann man, wenn man Glück hat, Zeuge eines spontanen Aufblitzens von Intelligenz werden. So erzählten mir zwei ältere Damen, welches Erlebnis sie auf einem Friedhof hatten. Sie hatten nicht daran gedacht, dass es schon Herbst war und demzufolge die Öffnungszeiten verkürzt waren. Als sie den Friedhof wieder verlassen wollten, standen sie daher vor einem verschlossenen Tor. Sie versuchten es zunächst an den anderen Ausgängen, aber – wie zu erwarten – ohne Erfolg. Sie gingen daher zum Hauptausgang zurück und warteten auf Passanten, die ihnen mit ihrem Handy helfen könnten. (Ihr eigenes hatten sie zu Hause gelassen.) Doch sie hatten kein Glück. Schließlich kam eine Gruppe junger Männer vorbei, die aber auch keine Hilfe waren. Beim Weitergehen stellte einer von ihnen jedoch eine intelligente Frage: "Ich frage mich bloß, wie die da reingekommen sind. "

Mitfühlenden Seelen kann ich erfreulicherweise versichern, dass die Geschichte doch noch gut ausging. Eine jugendliche Passantin lieh ihnen ihr Handy, sodass sie die Polizei anrufen konnten. Die Beamten reagierten prompt und erfolgreich. Sie besorgten sich einen Ersatzschlüssel, befreiten damit die Eingeschlossenen und brachten sie sogar im Polizeiwagen nach Hause

(was seine Wirkung auf die aufmerksam beobachtenden Nachbarn nicht verfehlte).

Kann man die Intelligenz stärken?

Wenn man Intelligenz auch nicht erwerben kann (sie scheint angeboren zu sein), so kann man sie vielleicht trainieren. (Ich bin mir nicht sicher, ob manche Lehrer das glauben.) Fragt sich nur, wie. Mir fällt dazu nur ein Spruch aus meiner Schülerzeit ein: "Doof bleibt doof, da helfen keine Pillen! "

Erfreulicherweise hat sich zu dieser Frage ein zweifellos intelligenter Mensch die folgende hübsche Anekdote ausgedacht. In einem Eisenbahnabteil sitzt ein Mann, der genüsslich Apfelkerne kaut, die er einer kleinen Tüte entnimmt. Ein hinzu kommender Passagier fragt ihn, warum er das denn tue. Der Mann antwortet: "Ja, wissen Sie denn nicht, dass das die Intelligenz stärkt? ", und als er das ungläubige Gesicht seines Gegenübers sieht, setzt er hinzu: "Probieren Sie es doch einmal aus. Ich verkaufe Ihnen gern ein Tütchen." Der Mitreisende ist verblüfft, aber da man nie wissen kann, welche Wundermittel die Natur für uns bereithält (man liest ja in der Zeitung ständig von verblüffenden Heilerfolgen, die man mit ganz gewöhnlichen Kräutern, Samen u. ä. erzielt), nimmt er das Angebot des freundlichen Herrn an, kauft ihm ein Tütchen zum Preis von 5 Euro ab und beginnt ebenfalls zu kauen. Plötzlich schießt ihm ein Gedanke durch den Kopf, dem er sogleich sprachlichen Ausdruck verleiht: "Ich bin doch ein Idiot. Für das gleiche Geld hätte ich wenigstens zwei Kilo Äpfel bekommen." Freundlich lächelnd erwidert darauf der Verkäufer: "Sehen Sie, es wirkt schon! "

Sprache

Zu den großartigsten Intelligenzleistungen der Menschen gehört zweifellos die Sprache. Entscheidend ist, dass die einzelnen Wörter eine Bedeutung, einen Sinn haben. Das macht die Sprache zu einem einzigartigen Kommunikationsinstrument. Und wie groß ist das Spektrum der Ausdrucksmöglichkeiten! Es reicht von Grobheiten bis zu zartesten Andeutungen. Tatsächlich genügt oft schon ein einziges Wort, um, Neudeutsch gesprochen, "die Message 'rüberzubringen." Hierzu ein Beispiel aus der frühen Entwicklungsphase meiner beiden Enkel! (Es handelt sich übrigens um Zwillinge.) Vorausschicken muss ich, dass sie bereits schlimme Erfahrungen mit Ärzten gemacht hatten. Das waren doch Menschen, die ihnen Schmerzen zugefügt hatten, indem sie ihnen Spritzen in den Po gejagt hatten! Nun ereignete sich folgendes. Die beiden wurden von ihren Eltern in ein ihnen vollkommen unbekanntes Krankenhaus gebracht. Dort sollte nur eine harmlose Untersuchung stattfinden, was die beiden aber nicht wussten. Als sie die Tür des Krankenhauses erreicht hatten, erkannte der eine sofort, um was für eine Institution es sich handelte, und er rief nur das eine Wort "Doktor! " Anschließend fingen beide an, so laut zu schreien, dass die Schwestern angerannt kamen und alles taten, um die beiden schnellstens loszuwerden.

Auf dem erwähnten primitiven Niveau "äußern" sich übrigens schon Tiere. Denken wir nur an Hunde! Die verfügen ja über eine ganze Skala von Ausdrucksmöglichkeiten, die bekanntlich von drohendem Gebell bis zu leisem Winseln reicht. Da stehen natürlich unsere tierischen Verwandten nicht zurück. Oft sind es spezifische Warnungen, die sie den Mitgliedern ihrer Gruppe übermitteln wollen. Beispielsweise unterscheiden grüne Meerkatzen bei ihren Warnrufen zwischen verschiedenartigen Angreifern, nämlich Bodentieren (Leoparden), Raubvögeln (Adlern) und Kriechtieren (Schlangen).

Offensichtlich haben kleine Kinder keinerlei Schwierigkeiten damit, in den Worten einen Sinn zu erkennen. Manches werden sie einfach erraten, aber vieles kann man ihnen durch bloßes "Aufzeigen" beibringen. So zeigt der Papa beispielsweise mit dem Finger auf ein Auto und sagt "Auto". Ich finde es faszinierend, dass es gar kein reales Auto zu sein braucht, eine Darstellung in einem Bilderbuch reicht völlig aus! Unser optisches Wahrnehmungssystem ist offenbar in wunderbarer Weise darauf vorbereitet, Muster zu erkennen.

Umso erstaunlicher ist es, dass es tatsächlich gelang, einem infolge einer Krankheit im Alter von neunzehn Monaten blind und taubstumm gewordenen Mädchen die englische Sprache beizubringen. Dabei war die Erkenntnis, dass die Wörter eine Bedeutung haben, ein überwältigendes Glückserlebnis für das Kind. Ich spreche von Helen Keller, die das große Glück hatte, in ihrer Erzieherin Anne Sullivan eine äußerst begabte und zugleich liebevolle Lehrerin zu finden. Diese vollbrachte ein wahres Wunder: Sie ermöglichte Helen nicht nur die Teilnahme am gesellschaftlichen Leben, sondern erschloss ihr auch den Zugang zur geistigen Welt. (Helen promovierte im Jahre 1904 am Radcliffe-College.) Annes Erfolgsgeheimnis war die Benutzung des Fingeralphabets. Sie konnte so mit ihrem Schützling in normaler Sprache kommunizieren, indem sie ihm zuerst einzelne Wörter und später ganze Sätze auf die Handfläche buchstabierte. Anne Sullivan berichtet von dem Tage, als Helen schlagartig begriff, dass mit dem Wort "water" allein das Wasser gemeint war und nicht gleichzeitig die damit zusammenhängende Tätigkeit des Waschens. Bis dahin hatte sie nämlich generell keine Trennung von Objekt und zugehöriger Tätigkeit vorgenommen; so bedeutete beispielsweise "doll" für sie nicht nur ihre Puppe sondern auch das Spielen mit ihr. Anne Sullivan schreibt in einem Brief (wiedergegeben in dem Buch: Helen Keller, Geschichte meines Lebens, Alfred Scherz Verlag Bern):

"Wir gingen zur Pumpe, wo ich Helen ihren Becher unter die Öffnung halten ließ, während ich pumpte. Als das kalte Wasser hervorschoss und den Becher füllte, buchstabierte ich ihr w-a-t-e-r in die freie Hand. Das Wort, das so unmittelbar auf die Empfindung des kalten, über ihre Hand strömenden Wassers folgte, schien sie stutzig zu machen. Sie ließ den Becher fallen und stand wie angewurzelt da. Ein ganz neuer Lichtschein verklärte ihre Züge. Sie buchstabierte das Wort water verschiedene Male. Dann kauerte sie nieder, berührte die Erde und fragte nach deren Namen, ebenso deutete sie auf die Pumpe und auf das Gitter.... Auf dem ganzen Rückweg war sie im höchsten Grad aufgeregt und erkundigte sich nach dem Namen jedes Gegenstandes, den sie berührte, so daß sie im Laufe weniger Stunden dreißig neue Wörter ihrem Wortschatz einverleibt hatte." Und vom folgenden Tag berichtet die Erzieherin: "Helen stand heute früh wie eine strahlende Fee auf, sie flog von einem Gegenstand zum anderen, fragte nach der Bezeichnung jedes Dinges und küßte mich vor lauter Freude. Als ich gestern abend zu Bett ging, warf sich Helen aus eigenem Antrieb in meine Arme und küßte mich zum erstenmal, und ich glaubte, mein Herz müsse springen, so voll war es von Freude."

Welch große Bedeutung die Menschen früher schon der Benennung von Objekten beimaßen, kann man aus der biblischen Schöpfungsgeschichte ersehen. In diesem Punkte lässt Gott dem Menschen freie Hand, wie im Ersten Buch Mose berichtet wird: "Denn als Gott der Herr gemacht hatte von der Erde allerlei Getier auf dem Felde und allerlei Vögel unter dem Himmel, brachte er sie zu dem Menschen, dass er sähe, wie er sie nennte; denn wie der Mensch allerlei lebendige Tiere nennen würde, so sollten sie heißen. Und der Mensch gab einem jeglichen Vieh und Vogel unter dem Himmel und Tier auf dem Felde seinen Namen."

So schön das alles klingt, hat die Sache doch einen Haken, nämlich die Mehrdeutigkeit von Wörtern. Beispielsweise hat das Wort "Schloss" drei verschiedene Bedeutungen: a) herrschaftliches Schloss, b) Türschloss und c) Flintenschloss. Das ist es, was dem menschlichen Übersetzer das Leben nicht gerade leicht macht, und den mit künstlicher Intelligenz ausgestatteten Übersetzer häufig scheitern lässt. Er müsste ja verstehen, wovon er spricht, aber er hat keine Ahnung.

Mich beeindruckt auch ungemein, wie souverän die Sprache mit der Zeit umgeht. Dabei wissen nicht einmal die Physiker, was die Zeit eigentlich ist. (Sie begnügen sich damit, sie mit immer größerer Präzision zu messen.) Aber wir haben ja, übrigens wie die Tiere und Pflanzen, ein Zeitgefühl, und darauf kommt es uns in erster Linie an. Die Sprache teilt einfach den zeitlichen Verlauf von Vorgängen in säuberlich getrennte Abschnitte ein. So gibt es, wie man uns in der Schule beigebracht hat, gleich drei verschiedene Vergangenheitsformen (Präteritum, Perfekt und Plusquamperfekt), nur eine Gegenwartsform (Präsens), was logisch erscheint (den Engländern genügt das aber nicht, sie haben zwei), aber gleich wieder zwei Zukunftsformen (Futur und Futur exakt). Ich finde es allerdings erstaunlich, wie genau man über künftige Ereignisse sprechen kann, von denen man überhaupt nicht wissen kann, ob sie jemals eintreten (vom Tod einmal abgesehen). Verblüffend finde ich auch, wie anscheinend mühelos schon kleine Kinder sprachlich zwischen Vergangenheit und Gegenwart unterscheiden. So sagte einer der bereits erwähnten Zwillinge einmal "Opa kleckert hat."

Die Sprache wird jedoch im ständigen Gebrauch immer mehr abgeschliffen, im besonderen wird das Futur immer seltener benutzt. So sagt man beispielsweise nicht mehr "gleich morgen werde ich mit einer Diät beginnen" sondern im Tone der Zuversicht "gleich morgen beginne ich mit einer Diät", obwohl es sich doch nur um eine Absichtserklärung handelt. Und das Futur exakt (Beispiel: Morgen um diese Zeit wird mir der mich tyrannisierende Zahn schon gezogen worden sein) ist immer mehr aus der Mode gekommen, was angesichts seiner umständlichen Konstruktion nicht verwunderlich ist. Es sind solche Auswüchse der deutschen Sprache, die dem lernwilligen Ausländer das Leben schwer machen, wovon im besonderen Mark Twain (in seiner Ausführung über die "schreckliche deutsche Sprache") ein Lied zu singen weiß. – Übrigens haben clevere Zeitgenossen herausgefunden, dass bereits naive Bildchen ausreichen, um ihre Gefühle auszudrücken, und die Emojis erfunden.

Tatsächlich hat, wie wir alle wissen, die Sprache vielfältige Funktionen. Die ursprüngliche dürfte die Feststellung von Tat-

20

sachen sein. (Beispiel: Gestern wurde mir ein Sohn geboren. Ich
gab ihm den Namen Timotheus.) Doch dann war das Bedürfnis,
unterhalten zu werden, offenbar so groß, dass begabte "Autoren" ihre Phantasie spielen ließen und spannende Geschichten
erfanden. Großer Beliebtheit erfreuten sich von jeher auch Legenden, von denen niemand wusste, wer sie eigentlich in die
Welt gesetzt hatte. Mit anderen Worten, die Unterhaltungsliteratur war geboren. Und natürlich lebt eine jede Religion von
Legenden.

Es gab aber auch ausgesprochen praktische Bedürfnisse. So
wurden Gesetze und Vorschriften (die zwölf Gebote nicht zu
vergessen!) formuliert, wobei das berechtigte Interesse der Juristen an Klarheit und Eindeutigkeit der Aussagen die (von ihnen verwendete) Sprache ihrer Lebendigkeit beraubte. Aber
gerade diese Nüchternheit und Sachlichkeit ist das, was die Wissenschaft braucht. Man findet sie heute in jeder wissenschaftlichen Abhandlung. (Lediglich gute Dozenten und Redner wissen, welche Bedeutung klug eingestreute Witze für die Aufrechterhaltung der Aufmerksamkeit ihrer Zuhörer haben.) Schließlich
sollten wir die Poesie nicht vergessen, in der häufig die bezaubernde Schönheit der Sprache (verstärkt noch durch den Reim)
aufscheint. Mir fällt dazu gerade ein schönes Beispiel ein, der
Anfang des Goetheschen Gedichtes 'An den Mond': "Füllest
wieder Busch und Tal still mit Nebelglanz ... "

Bei all ihrer Schönheit und der Präzision des Ausdrucks,
die sie erlaubt, scheint mir die Sprache doch manchmal über
das Ziel hinauszuschießen. Ich denke dabei im Deutschen an
das grammatikalische Geschlecht der Hauptwörter, das oft im
Gegensatz zum natürlichen Geschlecht steht. Kein Mensch ver-

mag, so glaube ich, einzusehen, weshalb es beispielsweise *der* Himmel, *die* Hölle und *das* Weib heißt. Es genügt einfach nicht, die Bedeutung des Wortes 'Himmel' zu kennen, man muss auch wissen, dass es männlich dekliniert wird. (So lernt man es von Muttern oder spätestens in der Schule; gefragt wird nicht.) Das bringt naturgemäß alle zur Verzweiflung, die Deutsch als Fremdsprache lernen wollen. Ein Ungar kam sogar zu folgender Feststellung: Deutsche Sprack - schwere Sprack; hot sich ein Wort gleich drei Artikel: Das - die - der Teifel hol!

Übrigens staune ich darüber, in welch frühem Alter kleine Kinder schon allgemeinere Zusammenhänge nicht nur erkennen, sondern auch ausdrücken können. So überraschten mich meine Enkel, als sie bei konkreten Anlässen erklärten: "Das dürfen nur 'wachsne." Sehr beeindruckend finde ich übrigens, wie schnell die Kleinen den Gebrauch des Wortes 'meins' lernen. Und dann sagen sie eines Tages ganz unvermittelt 'ich'. Damit eröffnet sich ihnen auch die Möglichkeit, ihren Willen unmissverständlich und leidenschaftlich kundzutun, indem sie schreien: "Ich will das nicht!!! " (Außerdem haben sie schnell herausgefunden, dass sich die Wirkung des gesprochenen Wortes noch dadurch steigern lässt, dass man sich auf den Boden wirft.)

Noch eine letzte Bemerkung! Wenn wir die Sprache als eine geniale menschliche Schöpfung würdigen, müssen wir in gleichem Atemzug die Erfindung der Schrift preisen. Erst mit ihrer Hilfe gelingt es ja, unsere Erfahrungen und das angesammelte Wissen zu verbreiten und überdies über lange Zeiten zu konservieren.

22

Lügen

Mit den ausgedachten Geschichten kommt nun eine ganz besondere Eigenheit der Sprache ins Spiel: Sie ist nicht an die Wahrheit "gefesselt". Die sprachlichen Aussagen können frei erfunden sein (wovon mancher Philosoph weidlich Gebrauch gemacht hat und noch macht). Das bedeutet zweierlei: Man kann über Dinge sprechen, von denen man keine Ahnung hat, ja, die es gar nicht gibt (notfalls muss man ein neues Wort kreieren), und man kann absichtlich die Unwahrheit sagen. Die letztere Tätigkeit bezeichnet man bekanntlich als lügen, auf Neudeutsch "Fake News verbreiten", und welche katastrophalen Folgen das für Politik und Gesellschaft hat, erleben wir täglich. Aber wir dürfen auch die "feingesponnenen" Lügen (von denen der Volksmund optimistischerweise glaubt, dass "sie doch ans Licht der Sonnen kommen") nicht vergessen.

Die Lüge verdient es somit, genauer unter die Lupe genommen zu werden. Die einfachste Lüge ist die "mit den kurzen Beinen". Das heißt, sie ist schlicht zu plump, um längere Zeit aufrechterhalten werden zu können. Aber oft fehlt einem einfach die Zeit, sich eine geschicktere Lüge (oder einfach eine gute Ausrede) auszudenken. Es ist wohl kein Zufall, dass schon unsere tierischen Verwandten von der Lüge Gebrauch machen. Erinnern wir uns daran, dass Irreführung und Täuschung zu den Erfolgsstrategien der Evolution gehören! So berichteten die beiden Forscher Dorothy Cheney und Robert Seyfarth, was sie in Kenia an grünen Meerkatzen beobachtet hatten:

Eines Tages tauchte in einer Baumgruppe unweit der von ihnen beobachteten Gruppe von Affen ein fremdes Männchen auf. Solche Einzelgänger sind stets darauf bedacht, sich einer Gruppe anzuschließen und bei dieser Gelegenheit auch gleich die Macht an sich zu reißen. Das dominante Männchen der Gruppe ist daher über den Anblick eines solchen Außenseiters alles andere als erfreut. Als dieser von seinem Baum herunterkletterte und sich anschickte, das offene Land in Richtung auf die Baumgruppe zu überqueren, in der sich die Affen aufhielten, griff der Chef zu einer List. Er stieß nämlich den allen bekannten vertrauten Laut aus, der Leopardenalarm signalisiert. Der Eindringling schoss wie erwartet zurück auf den sicheren Baum. Das Spiel wiederholte sich ein zweites Mal. Doch dann beging der Chef einen entscheidenden Fehler. Er stieß den Warnruf aus, während er selber über die freie Fläche spazierte. Damit hatte er jedoch den Bogen überspannt. So dumm kann man doch wohl nicht sein zu glauben, dass sich jemand derartig leichtsinnig der Gefahr aussetzt, von einem Leoparden gefressen zu werden, das war so ungefähr das, was dem Eindringling durch den Kopf ging. Moral der Geschichte: Lass dich beim Lügen nicht ertappen! (Das gilt im besonderen für fremdgehende Ehemänner.)

Um mit einer Lüge durchzukommen, ist es oft nötig, sie durch eine weitere Lüge "abzustützen". Auf diese Weise entsteht dann manchmal ein kunstvolles Lügengebäude, das von der Intelligenz seines Schöpfers, beispielsweise eines Hochstaplers oder eines Heiratsschwindlers. zeugt. Allerdings bleibt es immer ein fragiles Gebilde. Es bricht zusammen, wenn nur ein einziger Baustein herausfällt. Oft genügt schon ein dummer Zufall, mit dem der Konstrukteur nicht rechnen konnte, alles Erreichte zunichte zu machen. Aber man kann eben nicht an alles denken!

Beispielsweise scheiterten in der ehemaligen DDR untergetauchte RAF-Terroristinnen daran, dass ihnen ihre neuen Arbeitskollegen und Bekannten nicht abnahmen, dass sie seit jeher in der DDR gelebt hätten. Der Grund war, dass sie einige DDR-spezifische Vokabeln nicht kannten. – Nichtsdestoweniger bleibt die Lüge und ihre Widerlegung ein zentrales Thema der Strafjustiz.

Über die bloße Lüge hinaus geht die Entwicklung intelligenter Strategien durch Kriminelle. So muss man es beispielsweise als eine besondere Intelligenzleistung würdigen, wenn Lücken in Gesetzen, insbesondere Steuergesetzen, aufgespürt und konsequent ausgenutzt werden. Und wir erinnern uns auch gern an Dagobert. Wie er die Polizei an der Nase herumgeführt hat, war schon wirklich bewundernswert.

Hohe Anforderungen an die Intelligenz stellt auch das Doppelleben, das Spione häufig führen müssen. Wie weit das gehen kann, zeigt der Fall des Atomspions Klaus Fuchs. Er bekannte, dass er vor seiner Enttarnung in einer Art selbsterzwungener Schizophrenie lebte. Sein Bewusstsein war säuberlich in zwei Bereiche getrennt: Der eine betraf seine (angesehene) soziale Stellung im Kreis seiner Kollegen (bezeichnenderweise konnte es von denen zuerst keiner glauben, dass er zum Verräter geworden sein sollte) mit all den zwischenmenschlichen Beziehungen, wie sie sich normalerweise entwickeln, während der andere seiner Spionagetätigkeit vorbehalten blieb. Dass es ihm gelang, diese Spaltung über Jahre hinweg durchzuhalten, ist sicher eine beeindruckende intellektuelle Leistung.

Es gibt jedoch eine Form der Lüge, die wir bedenkenlos verwenden, ja des öfteren für moralisch gerechtfertigt oder sogar notwendig erachten. Ich meine die Lüge aus Höflichkeit. Wie heißt es doch in Goethes "Faust" ? "Im Deutschen lügt man, wenn man höflich ist." (Ich denke allerdings, dass man dieses Problem in jeder Sprache hat.) Oft lügen wir aber auch aus Mitgefühl. Wo kämen wir denn hin und was könnten wir anrichten, wenn wir dem (der) anderen immer die "reine Wahrheit" ins Gesicht sagen würden? Etwa über das Aussehen oder die Heilungschancen bei einer schweren Krankheit. Tatsächlich muss man, um ein Zusammenleben zu ermöglichen, seine wahre Meinung oft verbergen. Aber es existiert eine Art "Grauzone", in der Sachverhalte nur angedeutet werden. Man überlässt es dann dem Gesprächspartner, "sich seinen Teil zu denken". Das gilt seit eh und je auch in der Politik. Dort spricht man von Diplomatie, und die Kunst besteht darin, den anderen "zwischen den Zeilen lesen" zu lassen.

Dazu noch ein Beispiel für eine ungewöhnliche Form der Höflichkeit! Der Däne Niels Bohr war nicht nur einer der Großen der Physik, sondern zugleich ein großartiger Mensch. Er hatte sein Institut in Kopenhagen zu einem Mekka für junge Theoretiker gemacht, und er wurde von ihnen geliebt wie kein anderer Lehrer. (Bei einem Besuch der Sowjetischen Akademie der Wissenschaften antwortete er auf die Frage, wie es ihm gelungen sei, eine so erstklassige Schule von Physikern aufzubauen: "Vermutlich, weil es mir niemals etwas ausgemacht hat, meinen Studenten zu gestehen, dass ich ein Esel bin.") Und er praktizierte eine ausgesuchte Form von Höflichkeit. So vermied er es grundsätzlich, eine wissenschaftliche Arbeit, von der er nichts hielt, als falsch zu bezeichnen. Statt dessen pflegte er zu sagen: "Das ist interessant" mit der Steigerungsform "Das ist sehr interessant". Alle wussten Bescheid, wie es gemeint war, aber der Vortragende konnte "sein Gesicht wahren". Im Gegensatz zu Bohr war der geniale Physiker Wolfgang Pauli ein Zyniker. Er erfand als vernichtendes Urteil über eine Arbeit die Formulierung: "Das ist ja noch nicht einmal falsch! "

Humor

Zweifellos zeugen Witze und Anekdoten von menschlicher Intelligenz. Ihre Pointe beruht auf einem Verblüffungseffekt. Im Zuhörer wird eine bestimmte Erwartung erweckt, und dann kommt es ganz anders. Hierzu ein paar Beispiele!

Lord Fox sagt zu seinem Sohn: "Ich verstehe nicht, wie du bei deinem riesigen Schuldenberg noch ruhig schlafen kannst." Darauf antwortet der Sohn: "Euer Lordschaft können ganz beruhigt sein. Ich wundere mich eher, wie meine Gläubiger noch ruhig schlafen können."

Der letzte sächsische König mischte sich gern unter das Volk (was ihn sehr beliebt machte). Eines Tages lässt er sich von einem Dorfbarbier rasieren. Als er Seine Majestät vor sich sitzen sieht, befällt den Barbier ein Zittern, und prompt schneidet er dem König in die Haut. Der kommentiert das mit den Worten: "Das kommt vom vielen Saufen." Darauf der Barbier: "Ja, davon wird die Haut so spröde."

Kaiser Franz Joseph kommt in eine polnische Kleinstadt und besucht dort auch das Gefängnis. Einem Häftling erklärt er großmütig: "Ich erlasse dir Hälfte deiner Strafe." Nach seiner Abreise stehen aber die Behörden vor einem Problem, der Mann hat nämlich "lebenslänglich". Da sucht man schließlich Rat beim Rabbi. Der fällt eine weise Entscheidung: "Sperrt ihn abwechselnd einen Tag ein und lasst ihn einen Tag frei! "

Ein schon in die Jahre gekommener Professor sagt eines Tages zu seinen Mitarbeitern: "Es ist ja bekannt, dass im Alter die geistige Leistungsfähigkeit nachlässt. Das Problem ist dabei, dass man es selber nicht merkt. Wenn Sie also einmal so etwas bei mir bemerken sollten, kommen Sie doch zu mir und sagen mir Bescheid." Nach einiger Zeit meinen die Mitarbeiter, es wäre jetzt so weit. Sie gehen also zu ihrem Chef und beginnen: "Herr Professor, Sie haben uns doch seinerzeit gesagt, wenn wir einmal bei Ihnen merken sollten" Da unterbricht er sie: "Ja, kommen Sie ruhig, wenn's einmal so weit ist! "

Anfrage an den Sender Jerewan: Wird es im Kommunismus noch Geld geben? Antwort: Nur noch.

Gorbatschow erzählte gern den folgenden Witz. Eine große Schlange vor dem Wodka-Laden. Es geht und geht nicht voran. Einer verliert die Nerven, springt aus der Reihe und ruft: "Ich bringe den Kerl jetzt um! " Nach einiger Zeit kommt er wieder und reiht sich brav wieder ein. Da fragen ihn die anderen: "Wie war's denn? " Er antwortet: "Dort war die Schlange noch länger! "

Intelligenzquotient

Der Intelligenzbegriff hat ganz unterschiedliche Facetten. Es dürfte daher schwer fallen, Intelligenz zu messen. Hier besteht eine bemerkenswerte Parallele zur Physik. Nehmen wir die Kraft! Durch die Anspannung unserer Muskeln bekommen wir ein Gefühl dafür, das ist aber auch schon alles. Im besonderen ist eine Fernkraft wie die Gravitation, die über riesige Entfernungen durch den leeren Raum hindurch wirkt, nicht zu verstehen. (Der große Naturforscher Ernst Haeckel zählte sie zu den Welträtseln.) Und erst die Zeit! Sie fließt und fließt, und keiner kann sie anhalten. Die Physiker ziehen sich nun dadurch aus der Affäre, dass sie die verschiedenen physikalischen Größen durch eine entsprechende Messvorschrift *definieren*. Einen Zeitmesser beispielsweise kennen wir alle, er hängt uns am Handgelenk.

Es verwundert nicht, dass die Psychologen diesem Vorbild gefolgt sind. Was Intelligenz ist, ist schwer zu sagen. Viel wichtiger ist, dass wir sie im konkreten Fall messen können. So verfiel man auf den Intelligenzquotienten, abgekürzt IQ. Und wie sieht dessen Messung aus? Man nehme eine Gruppe gleichaltriger und gleichgeschlechtlicher Personen, etwa 100 an der Zahl, und stelle, wie in der Schule, allen Gruppenmitgliedern die gleichen Aufgaben, sagen wir 10 Stück, die zu ihrer Lösung eigenständiges Denken erfordern. (Die Wahl der Aufgaben bringt offenbar ein subjektives Element ins Spiel!) Dabei wird den Probanden eine bestimmte Zeit eingeräumt. Was wird dabei herauskommen? Es wird eine größte Gruppe geben, deren Mitglieder alle die gleiche Zahl von Aufgaben geschafft haben, sagen wir 6. Denen geben wir einen IQ von 100. Daneben gibt es kleinere Gruppen, die sich entweder besser oder schlechter geschlagen haben, und denen schreiben wir je nach der Zahl der gelösten Aufgaben einen größeren oder einen kleineren IQ zu. Auf diese Weise werden einerseits hochintelligente und andererseits geistig minderbemittelte Personen identifiziert. Bei einem IQ über 140 gilt man als genial, bei einem IQ unter 69 als schwachsinnig.

Dieses Verfahren ist zunächst einmal sehr beruhigend für "Otto Normalverbraucher". Er kann damit rechnen, dass man ihm einen IQ von 100 bescheinigt. Da er mit Gleichaltrigen verglichen wird, bleibt das wahrscheinlich auch im Laufe seines Lebens so. (Dement werden sollte er im Alter aber nicht!) Das widerspricht allerdings der täglichen Erfahrung, wie das die folgende Anekdote in wunderschöner Weise verdeutlicht:

Ein in die Jahre gekommener Professor sagt eines Tages zu seinen Mitarbeitern: "Es ist ja bekannt, dass im Alter die geistige Leistungskraft nachlässt. Das Schlimme daran ist, dass man es selber nicht merkt. Sollten Sie bei mir einmal so etwas bemerken, kommen Sie doch zu mir und sagen mir Bescheid." Nach einer gewissen Zeit meinen die Mitarbeiter, sie sollten auf diese Aufforderung zurückkommen. Sie gehen also zu ihrem Chef und beginnen: "Herr Professor, Sie haben uns doch vor zwei Jahren gesagt, wir sollten Ihnen Bescheid geben, wenn ..." Da unterbricht er sie mit den Worten: "Ja, kommen Sie ruhig, wenn's einmal so weit ist! "

Eine weitere bedenkliche Konsequenz aus der Messvorschrift für den IO besteht darin, dass man eine langfristige Änderung des Intelligenzniveaus der Bevölkerung nicht mitbekommt. Sollte es zu einer systematischen Verdummung der Menschen kommen (wofür derzeit manches spricht), würde man es gar nicht merken – jedenfalls, wenn man sich am IQ orientiert.

Weiterhin erscheint es mir bemerkenswert, dass die Intelligenz offenbar als geschlechtsabhängig vorausgesetzt wird. Ich fände es daher aufschlussreich, wenn man einmal Männergruppen gegen Frauengruppen antreten ließe. Vielleicht stieße man dann auf eine Erklärung dafür, dass das Eins-Nuller-Abitur (bis vor kurzem zwingende Voraussetzung für ein Medizinstudium) Mädchen leichter fällt als Jungen. Und hängt damit vielleicht auch zusammen, dass Mädchen normalerweise einen Horror vor Mathe und Physik haben?

Und wozu soll nun der IQ gut sein? Da scheinen mir die Psychologen selbst einen erfreulich realistischen Blick zu haben. Im 'Lexikon der Psychologie' kann man nämlich lesen: "Der IQ hat nur eine mäßige Vorhersagekraft für den weiteren Lebensweg oder die berufliche Karriere." Daher, liebe Eltern, freut euch nicht zu sehr über einen hohen Wert des IQ eures Sprösslings, und grämt euch nicht übermäßig über einen niedrigen Wert. Übrigens wussten wir ja immer schon, dass bei manchen Kindern erst "der Knoten reißen muss". Und was kann nicht alles passieren, wenn erst einmal die Hormone das Regiment übernehmen! Allerdings ist eine Folge eines hohen IQ nicht zu übersehen: Er steigert das Selbstwertgefühl. Da bleibt allerdings nur zu hoffen, dass es zu keiner Übersteigerung kommt und der Betreffende nicht zu sehr abhebt.

Allerdings sollte man sich darüber im klaren sein, dass auch Hochintelligente nicht vor Irrtümern gefeit sind, ja manchmal sogar hahnebüchenen Unsinn in die Welt setzen. Ein Musterbeispiel dafür ist der gefeierte Universalgelehrte Gottfried Wilhelm Leibniz. Seine Idee der "prästabilierten Harmonie" ist schon wirklich eine Zumutung für den gesunden Menschenverstand. Sie besagt ja, dass es zwischen den einzelnen Einheiten der Weltsubstanz (Monaden) keinerlei Wechselwirkung gibt. Eine solche wird vielmehr dadurch vorgetäuscht, dass der Schöpfer die einzelnen Monaden zu Anbeginn der Welt präzise aufeinander abgestimmt hat (so wie man zwei Uhren nur einmal genau stellen muss). Und die Leibnizsche Behauptung, die Welt sei die "beste aller möglichen", mag zwar optimistisch klingen (es könnte ja alles noch viel schlimmer sein!), aber sie hat die deprimierende Konsequenz, dass sie grundsätzlich nicht verbesserungsfähig ist.

Einen wesentlichen Kritikpunkt am Verfahren der IQ-Messung sehe ich in der Zeitvorgabe beim Lösen der Aufgaben. Damit haben Grübler ("ich muss erst einmal darüber nachdenken") und Tüftler von vornherein schlechte Karten. Dabei sind sie es doch, die die Menschheit mit ihren intellektuellen Leistungen vorangebracht haben! Hören wir auf den großen Erfinder Edison, wenn er sagt: "Genie ist ist ein Prozent Inspiration und 99 Prozent Transpiration." Wäre es denn schlimm gewesen, wenn Newton noch ein Jahr länger gebraucht hätte, bis er auf den genialen Einfall kam, dass die Kraft, die den reifen Apfel vom Baume fallen lässt, die gleiche ist wie die, die den Mond anzieht und so verhindert, dass er auf Nimmerwiedersehen in den Weiten des Universums verschwindet? Oder hätte die Wissenschaft Schaden genommen, wenn Einstein ein Jahr länger über seiner Allgemeinen Relativitätstheorie gebrütet hätte? Gerade Einstein, als Jahrhundertgenie gefeiert, hätte ganz sicher bei einem Intelligenztest schlecht abgeschnitten. Sein erstes Handicap bestand schon darin, dass er sprachlich wenig begabt war. Und wie wollen Sie seine einzigartige Fähigkeit, sich über festsitzende Vorurteile hinwegzusetzen und stattdessen revolutionäre Ideen zu entwickeln, messen? Ich möchte daher behaupten, dass der IQ jedenfalls bei *echten* Genies fehl am Platze ist.

Übrigens, wenn wir von Genies sprechen, sollten wir nicht nur an die Großen denken, die schon zu Lebzeiten gefeiert wurden. Wir kennen ja auch die "verkannten Genies", deren Verdienste erst von der Nachwelt erkannt und geschätzt wurden (und das auch nur dann, wenn sie Glück hatten). Hierzu fällt mir als erster der Mönch Gregor Mendel ein, der mit seiner Erbsenzucht, im Verein mit penibler mathematischer Auswertung, die Vererbungslehre einen entscheidenden Schritt vorangebracht hat. Wer von uns hat nicht schon einmal von den Mendelschen Gesetzen gehört? Aber es dauerte nach seinem Tod noch 15 Jahre, bis man seine Ergebnisse wiederentdeckte. Immerhin waren die betreffenden Biologen so fair, ihm den Ruhm des Pioniers zu gönnen (was in der Geschichte der Naturwissenschaft keineswegs selbstverständlich ist).

Biologische Strategien

Wenn wir uns in der Natur umsehen, kommen wir aus dem Staunen nicht heraus. Zunächst fallen an die jeweiligen Lebensbedingungen optimal angepasste körperliche Eigenheiten ins Auge wie beispielsweise Fischflossen, Vogelfedern oder das Adlerauge. Aber wir brauchen uns ja nur unseren eigenen Körper anzusehen! Was für eine meisterhafte "Konstruktion" ist z.B. das Kniegelenk! Ganz zu schweigen vom Gehirn, das in seiner Komplexität kein Mensch so hätte entwerfen können. Ebenso erstaunlich sind grundlegende "Erfindungen", die schon sehr frühzeitig gemacht wurden: die Zelle, der Zellkern mit seinen Genen, die anscheinend mühelos die Synthese kompliziertester chemischer Verbindungen bewerkstelligen (denken wir nur an das Chlorophyll, das die Photosynthese ermöglicht).

Schließlich darf eine verblüffende "Errungenschaft" nicht vergessen werden, nämlich die Herausbildung effektiver Strategien, mit deren Hilfe das Lebewesen den Lebenskampf bestehen kann. Ein beeindruckendes Beispiel ist die Eigen-Herstellung von Gift, mit dem man Beutetiere töten oder sich auch nur vor Fressfeinden schützen kann. Im folgenden führe ich drei weniger bekannte Fälle an, die zeigen, zu welchen Leistungen die Natur fähig ist.

Bis ins letzte ausgeklügelt ist die Technik, mit der Kegelschnecken ihre Beute (in der Regel Fische) erjagen. Sie harpunieren ihr Opfer mit einem hohlen Muskelschlauch, an dessem Ende ein Giftpfeil steckt. Der getroffene Fisch wird dann herangezogen und verspeist. Das geht aber nur so einfach, wenn der Fisch vorher "ruhig gestellt" wurde. Im besonderen darf er sich nicht losreißen. Diesem Zweck dient das Gift. Forscher haben kürzlich herausgefunden, dass es sich aus bis zu 80 (!) verschiedenen Toxinen zusammensetzt (wobei jede der 500 Kegelschneckenarten einen eigenen Giftcocktail entwickelt hat), die ganz unterschiedliche Wirkungen zeigen. So wurden an Labormäusen, denen man jeweils eine ausgewählte Substanz ins Hirn injiziert hatte, u.a. folgende Reaktionen beobachtet: Schmerzunterdrückung, heftige Zuckungen, Einschlafen, Herumlaufen im Kreis, tödliche Muskellähmung, die zum Aussetzen der Atmung führt. Die letztgenannte Reaktion wäre eigentlich ideal für den Beutefang. Leider tritt der erwünschte Effekt erst nach Minuten ein. Die Kegelschnecken haben sich aus diesem Grunde noch etwas ganz Besonderes "einfallen lassen". Einer der Giftstoffe erzeugt biochemisch einen Elektroschock, der nacheinander totale Erregung, Krämpfe und schließlich vollkommene Starre auslöst. Damit nicht genug, erweisen sich die Kegelschnecken auch noch als versierte Psychiater, wie die Beimischung des sogenannten King-Kong-Moleküls zeigt. Es erweckt in dem Opfer das (wie immer irrige) Gefühl, der Größte zu sein, dem keiner etwas anhaben kann, und soll offenbar harpunierte andere Schnecken davon abhalten, sich in ihre Kalkschale zurückzuziehen und so den Jagderfolg zunichte zu machen. - Ich kann nur sagen, das soll den Kegelschnecken erst einmal jemand nachmachen, und speziell Chemiker können eigentlich nur vor Neid erblassen.

In seinem Buch "Geliebtes Tier – Die Geschichte einer innigen Beziehung" (rororo 1996) beschreibt Midas Dekkers eine perfide Strategie einer Glühwürmchenart. "Glühwürmchen arbeiten mit Lichtsignalen. In der Dämmerung kommen die ersten Männchen zum Vorschein, um als lebende Leuchttürme auf sich hinzuweisen. Meistens flanieren sie einsam, aber es gibt auch welche, die zusammen in einem Baum sitzen und im Takt aufleuchten, so daß das ganze Arrangement zu einem flackernden Christbaum wird. Die jungfräulichen Weibchen kommen später am Abend hervor und antworten auf das Leuchtfeuer der Männchen mit einem artspezifischen Signal, meist einem einzigen Aufleuchten, das in einem genau abgemessenem Moment dem Licht der Männchen folgt. Das System funktioniert so gut, daß man damit spielen kann. Imitiert man das Signal des Weibchens mit einer Taschenlampe, dann kommen die Männchen herbeigeflogen. Aber auch die Natur spielt falsch. Damit nicht Glühwürmchen im Kirchenfunk zum Loblied auf die Schöpfung mißbraucht werden, hat der Schöpfer eigens *Photuris pennsylvanica* geschaffen. Weibchen dieser Glühwürmchenart ahmen präzise den Lichtcode der kleinen *Photinus scintillans* nach: Genau eine Sekunde nach zweimaligem kurzen Leuchten senden sie ein Signal derselben Stärke und Dauer aus. Brünstig begeben sich die Männchen zur Lichtquelle, wo sie von der niederträchtigen Loreley geschnappt und verschlungen werden."

Doch nicht nur Tiere, sondern auch Pflanzen sind zu erstaunlichen Intelligenzleistungen fähig. Durch große Raffinesse zeichnet sich das Verhalten der Ragwurzpflanzen, einer Orchideenart, aus. Um als Bestäuber fungierende Insekten anzulocken, setzen sie nicht, wie sonst üblich, auf den süßen Nektar als Lockmittel, vielmehr nutzen sie den Sexualtrieb von Fliegen, Bienen und Grabwespen schamlos aus. Ihre Blüten sehen nämlich genauso aus wie paarungsbereite Weibchen dieser Spezies. Die Männchen lassen sich nur zu gern hinters Licht führen. Sie kopulieren sogleich mit den Attrappen, wobei ihnen eine Portion Pollen in die Haare gerät, die sie dann zur nächsten Blüte weitertransportieren. Damit das Täuschungsmanöver funktioniert, müssen die Pflanzen allerdings auch so duften wie der Sexuallockstoff der Insektenweibchen. Auch das ist für die Ragwurzpflanzen kein Problem, sie produzieren halt einen solchen Duftcocktail (er enthält immerhin 27 verschiedene Chemikalien) gleich mit! – Da fragt man sich schon, woher die Ragwurzpflanzen das alles wissen, ganz abgesehen von ihrer perfekten Kunst der Imitation.

Neuerdings steht die sogenannte Schwarmintelligenz hoch im Kurs. Sie wurde zuerst Tieren (Fischen, Vögeln, Ameisen u.a.) zugeschrieben, inspiriert jedoch inzwischen Soziologen und sogar das betriebliche Management. Worum geht es dabei? Ein Musterbeispiel ist das Verhalten eines Fischschwarms. Ein jeder einzelne Fisch passt seine Geschwindigkeit an die der Nachbarn an und hält den Abstand zu ihnen konstant. Nun, ich denke, dass sich Fußgänger auf dem Bürgersteig genauso bewegen: Sie vermeiden sich anzurempeln (das könnte in der Tat unangenehme Folgen haben) und lassen den Abstand zum Vordermann nicht zu groß werden. Bei den Fischen kommt noch hinzu, dass der gesamte Schwarm plötzlich seine Richtung ändert, etwa, wenn Gefahr droht. Dann regiert anscheinend der Herdentrieb: Einer macht den Anfang, und die anderen folgen ihm blindlings. Von besonderer Intelligenz kann ich jedenfalls dabei nicht viel erkennen.

Ja, es kann sogar noch schlimmer kommen, wie man in Konrad Lorenzs Buch "Das sogenannte Böse" (Deutscher Taschenbuch Verlag, München 1974) lesen kann. Er berichtet von einem eindrucksvollen Experiment, das Erich von Holst mit Elritzen durchführte: "Er operierte einem einzelnen Fischchen dieser Art das Vorderhirn weg, und in diesem stecken, jedenfalls bei diesen Fischen, alle Reaktionen des Schwarmzusammenhaltes. Die vorderhirnlose Elritze sieht, frisst und schwimmt wie eine normale, das einzige Verhaltensmerkmal, durch das sie sich von einer solchen unterscheidet, besteht darin, dass es ihr egal ist, wenn sie aus dem Schwarm herausgerät und ihr keiner der Genossen nachschwimmt. Ihr fehlt daher die zögernde Rücksichtnahme des normalen Fisches, der, auch wenn er noch so intensiv in bestimmter Richtung schwimmen möchte, sich doch schon bei den ersten Bewegungen nach den Schwarmgenossen umsieht und sich davon beeinflussen lässt, ob ihm welche folgen und wie viele. All dies war dem vorderhirnlosen Kameraden völlig egal; wenn er Futter sah oder aus sonstwelchen Gründen irgendwohin wollte, schwamm er entschlossen los, und siehe da – *der ganze Schwarm folgte ihm.* Das operierte Tier war eben durch seinen Defekt eindeutig zum Führer geworden.

Da bleibt bei mir eine Erinnerung an die (selbsterlebte) deutsche Geschichte nicht aus: "Führer befiehl, wir folgen dir! "

Physikalische Erkenntnis

Die beispiellosen Erfolge der Naturwissenschaften, insbesondere der Physik, sind ohne das Wirken intelligenter Köpfe mit genialen Einfällen nicht vorstellbar. Ich will das am Beispiel der Geschichte der Optik, der Wissenschaft vom Licht, illustrieren.

Das Licht ist sicherlich eines der phantastischsten Phänomene, das wir kennen. Was wüssten von der Welt, wenn uns das Licht nicht mit geradezu einer Überfülle von Informationen über sie versorgen würde? Die Frage, was Licht ist und welche Eigenschaften es im einzelnen besitzt, hat daher die Forscher lange Zeit beschäftigt. Zunächst steht fest, dass wir Licht selbst, obwohl wir es als sichtbar bezeichnen, überhaupt nicht sehen können. Wir sehen die Dinge, die entweder selbst leuchten (Lichtquellen wie die Sonne, den Mond, eine Kerzenflamme oder eine Glühbirne), oder Gegenstände, die von einer Lichtquelle beleuchtet werden.

Ich kann es mir an dieser Stelle nicht versagen, eine Scherzfrage aus dem Mittelalter zu erwähnen, die da lautet: "Was ist wichtiger, die Sonne oder der Mond? " Die Antwort ist: "Natürlich der Mond, denn er scheint bei Nacht. Die Sonne dagegen scheint am Tage, und da ist es ja sowieso hell. "

Die einfachsten Erfahrungen, die wir mit Licht machen, sind: erstens eine unvorstellbar schnelle geradlinige Ausbreitung im freien Raum (dazu brauchen wir uns nur die Sonne anzusehen) und zweitens eine Richtungsänderung bei Reflexion (Spiegelung) und Brechung. Auf letzterem Prinzip beruht beispielsweise die Brille.

40

Huygenssches Prinzip. Zum Verständnis der eben genannten Eigenschaften des Lichtes entwickelte Christian Huygens eine geniale Modellvorstellung. Zuallererst war Licht für ihn ein Wellenvorgang. Damit befand er sich in striktem Gegensatz zu Isaac Newton, der die Auffassung vertrat, dass sich das Licht aus einzelnen Partikeln zusammensetzt (nicht zu verwechseln mit den späteren Photonen!). Seine Grundidee war, dass ein jeder Punkt (sei es in einem durchsichtigen Medium oder im leeren Raum), der von Licht getroffen wird, zum Ausgangspunkt einer Kugelwelle wird. Alle diese "Elementarwellen" überlagern sich, und es kommt so zur Ausbreitung des Lichtes. Es bildet sich eine Wellenfront aus (sie ist die Einhüllende der Elementarwellen), und deren Normale ist die Strahlrichtung.

Die Bewährungsprobe für dieses Modell bestand in der Erklärung von Reflexion und Brechung. Da sich eine Kugelwelle ja genauso nach rückwärts wie nach vorwärts ausbreitet, kommt es beim Auftreffen des Lichtes auf eine spiegelnde Oberfläche zur Reflexion. (Genau gesprochen, gehen von der Spiegeloberfläche Halbugelwellen aus, die zurück laufen.) Bei Medien, die das Licht nur zu einem Teil reflektieren und den anderen Teil durchlassen, passiert nun folgendes. Eine auf die Oberfläche schräg auffallende Welle erzeugt dort zum einen zurücklaufende Halbkugelwellen und zum anderen in das Medium hineinlaufende Halbkugelwellen. Letztere breiten sich jedoch mit einer kleineren Geschwindigkeit aus, worin der Brechungsindex des Materials zum Ausdruck kommt. Das Ergebnis ist die Brechung, d.h., eine Richtungsänderung des Lichtes.

Einen Triumph feierte das Huygenssche Modell bei der Erklärung der Doppelbrechung. Die hatte man an isländischen Kalkspatkristallen beobachtet. Blickt man durch einen solchen Kristall auf eine darunter liegende Schrift, so sieht man sie doppelt, nämlich in Gestalt zweier gegeneinander verschobener Bilder. Und Huygens konnte diesen Effekt mit der intuitiven Annahme verständlich machen, dass von der Kristalloberfläche nach innen zusätzlich zu den Halbkugelwellen noch Wellen von der Form eines (halben)Rotationsellipsoids ausgesandt werden. Entsprechend treten zwei Strahlen auf: ein ordentlicher und ein außerordentlicher.

Lichtgeschwindigkeit. Kann der Physiker etwas Genaueres über die Größe der Lichtgeschwindigkeit sagen? Kann er sie sogar messen? Die Antwort lautet "Ja". Als erstem gelang dem dänischen Astronomen Olaf Römer eine schon recht genaue Bestimmung der Lichtgeschwindigkeit aus astronomischen Beobachtungsdaten. Es handelte sich dabei um die Umlaufzeiten der (von Galileo Galilei mit Hilfe seines Fernrohres entdeckten) Jupitermonde um den Jupiter. Diese Zeiten lassen sich aus den Verfinsterungen genau bestimmen, die ein Mond erfährt, wenn er in den von der Sonne geworfenen Schatten eintritt. Römer fiel nun folgendes auf. Die Umlaufzeiten werden größer, wenn sich der Beobachter – dank des Umlaufs der Erde um die Sonne – vom Jupiter entfernt, und sie verringern sich, wenn er sich auf den Jupiter zu bewegt. Wie kommt das? Und Römer fand die richtige Antwort. Es liegt daran, dass das Licht auf Grund dieser Bewegung einmal einen längeren und einmal einen kürzeren Weg vom Jupitermond zum Beobachter zurücklegen muss. Dabei ist der Weg offenbar am längsten, wenn die Erde sich am mondfernsten Punkt befindet, und am kürzesten am mondnächsten Punkt. Der Abstand dieser beiden Punkte ist gerade der Durch-

42

messer der Erdbahn. Mit der Kenntnis dieses Wertes konnte Römer aus den Verfinsterungs-Daten auf die Größe der Lichtgeschwindigkeit schließen.

Nun hat man es im Weltraum mit riesigen Entfernungen zu tun und braucht daher auch die Zeit nicht übermäßig genau zu messen. Da scheint es sehr zweifelhaft, ob es gelingt, die Lichtgeschwindigkeit unter irdischen Bedingungen, vielleicht sogar im Labor, zu messen. Ganz sicher wäre es illusorisch, wollte man dies wie bei einem 100m-Läufer mit einer Stoppuhr versuchen. Eine so wahnsinnig genau gehende Uhr gibt es einfach nicht. Man muss sich schon etwas Neues einfallen lassen! Die Pionierarbeit leistete der französische Physiker Fizeau, der folgende geniale Idee hatte: Ich lasse einen Lichtstrahl durch Reflexion in sich zurücklaufen und stelle ein rotierendes Zahnrad in den Strahlengang. Wird dieses langsam gedreht, kommt das Licht zurück, wenn es beim Hinlauf durch eine Lücke zwischen zwei Zähnen hindurchgetretem ist, denn beim Rücklauf erwischt es noch dieselbe Lücke. Erhöht man jedoch die Rotationsgeschwindigkeit immer mehr, so trifft der reflektierte Strahl schließlich auf einen Zahn, und es kommt kein Licht mehr zurück. Erhöht man die Umdrehungsgeschwindigkeit des Zahnrades kontinuierlich weiter, so wird es abwechselnd wieder hell und dunkel. Mit diesem Verfahren konnte Fizeau tatsächlich die Lichtgeschwindigkeit recht genau messen.

Interferenz. Der englische Forscher Thomas Young schrieb mit einem (später nach ihm benannten) optischen Versuch Geschichte. Er ging der Frage nach, was passiert eigentlich, wenn zwei Lichtbündel aufeinandertreffen. Nun, normalerweise geschieht nichts Aufregendes. Die Lichtintensitäten addieren sich einfach, es wird an der Stelle der Überlagerung etwas heller. (Das können Sie leicht testen, indem Sie zusätzlich zur Deckenbeleuchtung noch eine Schreibtischlampe einschalten.) Young kam auf die glückliche Idee, die beiden Lichtbündel nicht unabhängig voneinander zu erzeugen, sondern vermittels einer einzigen primären Lichtquelle. Zu diesem Zweck ließ er deren Licht auf einen undurchsichtigen Schirm fallen, der zwei Öffnungen, genauer, zwei dicht nebeneinander liegende Spalte, besaß. Diese von der Primärlichtquelle beleuchteten Öffnungen wirkten als sekundäre Lichtquellen. Doch die hatten nicht vergessen, dass sie "von gemeinsamen Eltern abstammten" – physikalisch gesprochen, bestand zwischen ihnen eine feste Phasenbeziehung. Young stellte nun hinter den genannten Schirm einen Beobachtungsschirm, und der zeigte ein ganz erstaunliches Bild. Bei Arbeiten mit einfarbigem Licht waren abwechselnd helle und dunkle, zu einander parallele Streifen (später Interferenzstreifen genannt) zu sehen. Wie sollte man das verstehen? An den dunklen Stellen schien die absurde Formel "Licht + Licht = Dunkelheit" zu gelten. Doch Young hatte keine Zweifel daran, dass alles mit rechten Dingen zuging. Ist das Licht nämlich ein Wellenvorgang, wovon er überzeugt war, setzt es sich aus Wellenbergen und Wellentälern zusammen, und wenn ein Wellenberg der ersten Welle auf ein Wellental der zweiten Welle fällt, löschen sich die beiden gegenseitig aus, es wird dort dunkel. Das Youngsche Interferenzexperiment war somit der endgültige Sieg der Wellentheorie über die Newtonsche Korpuskulartheorie!

Der schwarze Strahler. Die Physik lebt vom Messen. Das macht sie zu einer exakten Naturwissenschaft. Um Messergebnisse vergleichen zu können, braucht man verbindliche Maße,

44

beispielsweise das Meter als Längeneinheit. In der Optik besteht unter anderem das – durchaus praktische – Bedürfnis, die Helligkeit einer Lichtquelle zu messen. Da bleibt dem Physiker nichts anderes übrig, als eine "Normallampe" zu definieren, mit der man dann die fragliche Lichtquelle vergleichen kann. Als ein solches "Normal" wurde zunächst die "Hefner-Lampe" gewählt, eine mit Isoamylazetat gespeiste Dochtlampe, die auf eine Flammenhöhe von 40 mm einzustellen ist. Das ist natürlich nicht so recht befriedigend, und die Theoretiker meinten, die ideale Vergleichsquelle wäre ein schwarzer Körper, der sich auf einer bestimmten (einstellbaren) Temperatur befindet.

Da stutzt der "Laie" erst einmal. Ein schwarzer Körper ist doch dadurch definiert, dass er alle auftreffende Strahlung vollständig absorbiert! Aber er kann bei andauernder Einstrahlung nicht immer nur absorbieren, da würde er ja irrsinnig heiß werden! Damit diese Katastrophe nicht eintritt, muss er auch maximal ausstrahlen (denken Sie an glühende Kohlen!). Damit bietet sich ein schwarzer Körper als ein natürliches Strahlungsnormal an. Und die Theoretiker sind begeistert von ihm, weil seine Strahlungseigenschaften nur von fundamentalen Naturkonstanten abhängen können.

Man muss den schwarzen Strahler also "nur noch" realisieren! Heißt das, man muss nach einem möglichst schwarzen Kohlestück suchen? Da hatte der spätere Nobelpreisträger Wilhelm Wien eine gute Idee. (Wie sich später herausstellte, sollte sie ungeahnte Konsequenzen für die Physik haben.) Er sagte, wir machen das ganz anders. Wir bauen einfach einen geschlossenen Kasten aus einem normalen Material und bohren ein kleines Loch hinein. Ein von außen kommender Lichtstrahl, der auf das Loch trifft, "läuft sich dann tot." Er wird innen von den Wänden hin und her reflektiert und verliert dabei jedesmal durch Absorption etwas Energie, bis nichts mehr von ihm übrig bleibt. Das ist genau das, was man von einem schwarzen Körper erwartet! Andererseits bildet sich im Inneren des Kastens, dessen Wände auf einer bestimmten Temperatur gehalten werden sollen, ein Strahlungsfeld aus. Die Wandatome absorbieren ja nicht nur, sondern sie strahlen auch aus, und ein kleiner Teil dieser Strahlung wird durch das Loch treten, es kommt zur Emission der sogenannten Hohlraumstrahlung. Der Experimentator bekam so ein praktikables Gerät in die Hand, das sehr genaue Messungen ermöglichte.

So weit, so gut. Die Theoretiker sahen sich natürlich vor die Herausforderung gestellt, die physikalischen Eigenschaften der Hohlraumstrahlung theoretisch vorherzusagen, und sie stießen dabei auf anscheinend unüberwindbare Schwierigkeiten. Es gelang ihnen keine "saubere" Herleitung einer Strahlungsformel. Das schien zunächst nicht so schlimm zu sein, hatte doch Wilhelm Wien, gestützt auf scharfsinnige theoretische Überlegungen, eine Formel vorgeschlagen, die in guter Übereinstimmung mit den Messdaten war. Doch dann meldeten sich in den Jahren 1899 und 1900 unerwartet Experimentatoren mit der Behauptung zu Wort: Wir haben erstmals Messungen im infraroten Spektralbereich vorgenommen und dabei deutliche Abweichungen von der Wienschen Strahlungsformel gefunden, die man nicht als Messfehler abtun kann. Das setzte im besonderen den Berliner Theoretiker Max Planck unter Zugzwang. Er musste, "koste es, was es wolle", eine verbesserte Strahlungsformel finden, die den neuen Messergebnissen Rechnung trug. Das gelang

46

ihm tatsächlich, aber um welchen Preis! Er machte nämlich
in einem "Akt der Verzweiflung" die verrückte Annahme, dass
die Wandatome Strahlungsenergie nur in kleinsten Portionen
der Größe $h\nu$ (h die später als Plancksches Wirkungsquantum
bezeichnete fundamentale Konstante und ν die Frequenz der
Strahlung) aufnehmen und abgeben. Die Quantentheorie war
geboren! Tatsächlich war Planck alles andere als glücklich über
seine epochale Entdeckung, passte sie doch überhaupt nicht in
sein von der klassischen Physik geprägtes Weltbild!

Photonen. In seiner berühmten Arbeit vom Jahre 1904 stellte
Albert Einstein eine einfache Überlegung an, wie sie typisch für
ihn war. Er stellte sich vor, man schicke einmal einen Teilchenstrahl und einmal ein Lichtbündel in den Weltraum. In beiden
Fällen laufen die Strahlen (infolge der Beugung) immer mehr
auseinander. Beim Teilchenstrahl führt das dazu, dass in einem
beliebig herausgegriffenen kleinen Volumen immer seltener ein
Teilchen anzutreffen ist, in den meisten Fällen ist es dagegen
leer. Anders dagegen beim Licht! Nach der klassischen Optik ist die Energie einer Lichtwelle gleichmäßig über den Raum
verteilt. Sie wird bei der betrachteten Ausbreitung lediglich immer mehr verdünnt, das bedeutetet, in jedem herausgegriffenen
Volumen findet man immer noch ein winziges Bisschen Energie.
Diesen fundamentalen Unterschied zwischen Teilchen und Licht
fand Einstein verwunderlich.

Ausgehend von scharfsinnigen thermodynamischen Überlegungen kam er zu dem Schluss, die Strahlungsenergie erfülle
keineswegs den Raum kontinuierlich, vielmehr sei sie in kleinsten Paketen, den Lichtquanten (die später Photonen getauft
wurden), konzentriert. Deren Energie beträgt wie bei Planck

$h\nu$, und das ist bemerkenswert, weil Einstein zu der Zeit die Plancksche Arbeit noch gar nicht gelesen hatte.

Das Aufregende an der Einsteinschen Hypothese war, dass sie eine zwanglose Erklärung des von Philipp Lenard experimentell untersuchten photoelektrischen Effekts lieferte. Es handelt sich dabei um die Freisetzung von Elektronen durch Lichteinstrahlung auf eine feste Oberfläche, und die Messergebnisse gaben Rätsel auf. Da nach der klassischen Optik die Strahlungsenergie kontinuierlich im Raum verteilt ist, müsste sie von einem Atom erst "eingesammelt" werden, damit es ein Elektron freisetzen kann. Es liegt auf der Hand, dass diese "Akkumulationszeit" um so länger sein muss, je geringer die Lichtintensität ist. Doch das Experiment zeigt etwas ganz anderes. Die Elektronenemission setzt unmittelbar nach Beginn der Einstrahlung ein, selbst bei geringen Intensitäten. Nur ist dann halt die Zahl der freigesetzten Elektronen klein. Nach Einsteins Auffassung vom Licht kann man das so verstehen, dass ein von einem Lichtquant zufällig getroffenes Atom schlagartig dessen gesamte Energie aufnimmt. Doch das glaubte ihm damals keiner so recht. Selbst Max Planck, Einsteins großer Förderer, sprach von einer "verzeihlichen Jugendsünde", was allerdings das Nobelpreiskomitee im Jahre 1921 nicht davon abhielt, ihm dafür den Nobelpreis zu verleihen.

Nichtsdestoweniger fühlte sich Einstein zeit seines Lebens nicht wohl bei seiner Entdeckung. Das bezeugt ein Brief an seinen Freund Michele Besso aus dem Jahre 1951. Darin schrieb er: "Die ganzen 50 Jahre bewußter Grübelei haben mich der Antwort der Frage 'Was sind Lichtquanten' nicht näher gebracht. Heute glaubt zwar jeder Lump, er wisse es, doch er täuscht sich."

Aber im Laufe der Zeit gab es immer neue Experimente, die die Teilchennatur des Lichtes demonstrierten. Selbstverständlich blieben die bekannten optischen Beobachtungen, im besonderen die Interferenzphänomene, unangetastet, so dass die Physiker nichts besseres wussten, als einen Welle-Teilchen-Dualismus zu propagieren: Licht ist weder eine Welle noch ein Teilchen, sondern ein (geheimnisvolles) Drittes, das sich – je nach der Versuchsbedingung – einmal als Teilchen und einmal als Welle "manifestiert". Aus Sicht der klassischen Physik ist das ein Unding, und das macht die Einsteinsche Lichtquantenhypothese so revolutionär.

Mathematik

Zunächst muss ich mit einem weit verbreiteten Irrtum aufräumen, der darin besteht, Mathematik und Rechnen in einen Topf zu werfen. Mathematik ist gerade die Kunst, das Rechnen zu vermeiden! Ein schönes Beispiel lieferte Carl Friedrich Gauss, der "Princeps Mathematicorum", bereits in seiner Schulzeit.

Der junge Gauß. Über ihn erzählt man folgende Geschichte. Der Lehrer wollte einmal längere Zeit Ruhe haben und stellte daher seinen Schülern eine langwierige Rechenaufgabe: Addiere alle Zahlen von 1 bis 100. Aber er hatte nicht mit dem kleinen Gauß gerechnet. Der präsentierte ihm nämlich nach kurzer Zeit das richtige Ergebnis. Ihm war es zu langweilig gewesen, stur zu addieren: 1+2=3, 3+3=6, 6+4=10, ... (Ich füge hinzu, wenn man sich nur einmal verrechnet, ist die ganze Mühe vergeblich und das Endergebnis falsch!) Vielmehr hatte er den Einfall, in anderer Weise zu addieren, nämlich die erste Zahl (1) zu der letzten Zahl (100), die zweite Zahl (2) zu der vorletzten (99) und so fort. Offenbar kommt jedesmal 101 heraus. Und wie oft muss man solche Additionen ausführen? Offensichtlich 50mal, denn die letzte Addition ist ja 50+51=101. Also lautet das Endergebnis 50×101=5050. Darauf muss man halt erst erst einmal kommen!

Unendlichkeit. Wir kennen alle die Frage unserer Kinder: "Papa, was ist denn die größte Zahl? " Diese Frage ist anscheinend ganz natürlich. Es gibt einen höchsten Berg, einen längsten Fluss, ein größtes Land, einen dicksten Menschen usf. Warum sollte es bei den Zahlen anders sein? Wir wissen, dass primitive Kulturen diese Frage dadurch umgehen, dass sie einfach aufhören zu zählen. Sie zählen nämlich beispielsweise 1,2,3, viele. Selbst der große griechische Gelehrte Archimedes sah sich noch genötigt, in einer berühmt gewordenen Arbeit nachzuweisen, dass eine Zahl (die "Sandzahl") existiert, die die Zahl der Sandkörner angibt, mit denen man das Universum (dessen Ausmaß er abschätzte) füllen könnte. Das Problem bestand darin, dass die Griechen, und später die Römer, noch keine Dezimalzahlen (im besonderen Potenzen von 10) kannten, so dass sie sich immer neue Bezeichnungen ausdenken mussten, wenn die Zahlen immer größer wurden. (Sie wissen sicher aus eigener Erfahrung, welche Mühe es macht, lateinisch geschriebene Jahreszahlen zu entziffern, wie man sie an Denkmälern und alten Bauwerken findet.)

Die Mathematik sagt nun, es gibt keine größte Zahl, was bedeutet, es muss unendlich viele natürliche Zahlen geben. Beweis: Wenn jemand behauptet, es gebe eine größte Zahl x, kann ich sofort eine größere angeben, nämlich $x+1$.

Doch die Frage nach der Unendlichkeit taucht auch in der Physik auf. Ist das Weltall räumlich unendlich? Newton behauptete dies, und es ist interessant zu sehen, wie er dazu kam. Ein englischer Geistlicher (die waren damals offenbar noch recht aufgeschlossen gegenüber den Naturwissenschaften) brachte Newton in Verlegenheit, indem er ihn darauf hinwies, dass sich am Rande eines endlichen Universums unerfreuliche Dinge abspielen müssten: Die dort befindlichen Sterne würden ja durch die Gravitation unweigerlich nach innen gezogen – es fehlte ja die kompensierende Kraft weiter außen liegender Sterne –, und das ginge offenbar immer so weiter, bis schließlich alle Sterne in einem riesigen Klumpen zusammengeballt wären. Das konnte doch nicht der Wille Gottes sein! Der hatte sicherlich ein stabiles ("stationäres") Universum für die Ewigkeit geschaffen. Das überzeugte Newton, und er postulierte daraufhin ein unendlich ausgedehntes Universum. Das hat dann halt keine Ränder!

Logarithmen. Das Rechnen mit Logarithmen war für mich als Schüler eine Offenbarung. Machen Sie sich folgendes klar: Sie sollen zwei zehnstellige Zahlen miteinander multiplizieren. Da kommen Sie ganz schön ins Schwitzen. Nun drückt Ihnen jemand eine Logarithmentafel in die Hand und sagt Ihnen, sie brauchen nur die Logarithmen der beiden Zahlen zu addieren. Ist das nicht phantastisch? Ähnliches gilt für die Division, Sie müssen nun die Logarithmen subtrahieren. Aber das Tollste ist, Sie können eine *beliebige* Wurzel ziehen, sagen wir, die 71. Wurzel aus 110. Sie dividieren einfach den Logarithmus von 110 durch 71!

Um es für den Praktiker noch bequemer zu machen, wurde der Rechenschieber erfunden. Da braucht man nicht mehr in einer Logarithmentafel nachzuschlagen, vielmehr sind die Logarithmen bereits eingraviert. Dazu gibt es eine hübsche Anekdote. Wenn Amerikaner das Museum in Huntsville besuchen, das dem Raketenpionier Wernher von Braun gewidmet ist, wird ihnen auch der Rechenschieber gezeigt, den Braun benutzte. Sie können es nicht glauben: "Was, mit diesem 'vorsintflutlichen' Instrument hat er seine Raketen berechnet? "

Die Quadratur des Kreises. "Die Quadratur des Kreises ist eine Unmöglichkeit! " Diese Aussage spukt selbst in den Köpfen heutiger Journalisten herum. Sie haben natürlich keine Ahnung, was damit gemeint ist. Ich will es nun kurz erläutern. Die

Quadratur des Kreises ist die Aufgabe, für einen vorgegebenen Kreis nur unter Verwendung von Zirkel und Lineal ein Quadrat zu konstruieren, das den gleichen Flächeninhalt besitzt. Nun haben wir doch in der Schule gelernt, dass die Fläche eines Kreises gleich π mal dem Quadrat des Radius ist. Wo liegt da ein Problem? Es besteht darin, dass die Zahl π aus dem Rahmen fällt. Sie ist nämlich nicht rational, lässt sich also nicht als ein Bruch zweier natürlicher Zahlen schreiben, ja nicht einmal irrational, d.h., durch Wurzeln darstellbar, sondern etwas noch Komplizierteres, sie ist "transzendent". Glücklicherweise kann man sie bis auf jede gewünschte Dezimalstelle genau berechnen, aber es ist in der Folge der Dezimalstellen keine Systematik zu erkennen, vielmehr scheinen die Ziffern eher zufällig verteilt zu sein. Und das ist der Grund für die Unmöglichkeit der "Quadratur des Kreises". Für praktische Zwecke ist das natürlich ohne Bedeutung, man kann so viele Dezimalstellen von π ausrechnen, wie man will (dafür gibt es eine Formel). Daher braucht uns die Unmöglichkeit der Quadratur des Kreises keineswegs zu beunruhigen.

Komplexe Zahlen. Bevor ich etwas über komplexe Zahlen sage, muss ich meinem Herzen Luft machen. Ich wollte es nach der Wende nicht glauben, als mir ein westdeutscher Kollege mitteilte, dass in den westdeutschen Schulen die komplexen Zahlen abgeschafft worden waren. Einfach so! Mir ist das vollkommen unverständlich, denn einerseits hatte mir das Rechnen mit komplexen Zahlen in meiner eigenen Schulzeit großen Spaß gemacht und andererseits ist bekannt, dass die komplexen Zahlen einfach zum Handwerkszeug der Physik gehören. (In der Elektrotechnik und der Quantentheorie sind sie schlicht unverzichtbar.) Ich fragte mich nach dem Grund für die Entscheidung der verantwortlichen Pädagogen. Glaubte man, den zarten Kinderseelen etwas "Imaginäres" nicht zumuten zu dürfen? Inzwischen hat sich im Gegenteil herausgestellt, dass sich gerade Kinder und Jugendliche in einer "virtuellen" Realität wie zu Hause fühlen.

Wie dem auch sei, die Einführung der komplexen Zahlen ist ein Meilenstein in der Geschichte der Mathematik. Das Ausgangsproblem lautet ganz einfach: Ziehe die Quadratwurzel aus einer negativen Zahl. Da sagt erst einmal jeder: Das geht nicht, denn egal, ob ich eine positive oder eine negative Zahl mit sich selbst multipliziere, es kommt immer etwas Positives heraus. Es ist nun ein charakteristischer Zug der Mathematik, dass man sich damit nicht zufrieden gab. Vielmehr sagte man, wenn es keine solchen Zahlen gibt, müssen wir sie halt erfinden. Wir bauen doch nur Gedankengebäude, und da haben wir viel Freiheit. Das Vorgehen war dann im Grunde ganz einfach. Wir führen eine neue Zahl i, die imaginäre Einheit, ein mit der Maßgabe, dass ihr Quadrat den Wert -1 besitzt. Anders ausgedrückt, es gilt definitionsgemäß $\sqrt{-1} = i$. Weiter machen wir uns darüber keine Gedanken, sondern wir rechnen einfach los. Zunächst können wir nun die Quadratwurzel aus jeder *beliebigen* negativen Zahl $-a$ ziehen, es gilt einfach $\sqrt{-a} = \sqrt{a}\,i$, und was hindert uns denn daran, imaginäre Zahlen zu den üblichen (reellen) Zahlen zu addieren? Wir erhalten so komplexe Zahlen $z = x + iy$, und die können wir sehr schön in einer Zahlenebene veranschaulichen, indem wir x nach rechts (bei negativem Vorzeichen nach links) und y nach oben (bzw. unten) auftragen. Und man kann Regeln dafür aufstellen, wie man die bekannten Rechenoperationen auf die komplexen Zahlen übertra-

54

gen kann. Der Clou ist dabei, dass es keine "Verbotsschilder" mehr gibt: ich kann nun beliebige Wurzeln aus beliebigen komplexen Zahlen ziehen. Und dass diese Mathematik so wunderbar zur modernen Physik passt, kann uns nur zum Staunen bringen.

Höhenmessung. Wie bestimmen Sie die Höhe eines Turmes (oder auch eines hohen Baumes)? Klettern Sie bis zur Turmspitze empor und lassen ein langes Maßband herunter? Die Mathematiker sagen, es geht viel einfacher, und ich muss sagen, das Verfahren hat mich schon als Schüler begeistert. Sie können sich nämlich die Kraxelei ersparen und machen statt dessen folgendes: Sie wählen einen geeigneten Beobachtungspunkt und messen auf der Erde mit einem Maßband den Abstand zum Turm. Dann nehmen Sie einen Winkelmesser und messen den Winkel zwischen der Waagrechten und der Turmspitze. Den Rest erledigen Sie auf dem Papier. Sie fertigen nämlich eine maßstabgerechte Zeichnung der Verhältnisse an. Das bedeutet, sie zeichnen in einem verkleinerten Maßstab ein rechtwinkliges Dreieck mit einer Seite (Kathete) von der Länge des gemessenen Abstandes zum Fuße des Turms und dem gemessenen Winkel. In diesem Dreieck lesen Sie dann die Höhe des Turms ab. Sie brauchen diesen Wert nur noch mit dem Maßstabsfaktor zu multiplizieren und schon haben Sie die wahre Turmhöhe. Dahinter steckt der Satz, dass ein rechtwinkliges Dreieck durch eine Kathete und einen zusätzlichen Winkel eindeutig bestimmt ist. Sie sehen, Mathematik kann ganz einfach sein. Trotzdem muss man halt seinen Verstand benutzen!

Zweiter Teil

Künstliche Intelligenz (KI)

Der unermüdliche Rechenknecht

Die einfachste Form einer Entscheidung ist die Wahl zwischen zwei Alternativen. Wir treffen solche Entscheidungen jeden Tag. Dazu ein einfaches Beispiel: Stehe ich morgens gleich nach dem Aufwachen auf oder bleibe ich noch ein bisschen im molligen Bett liegen? So ist es nicht verwunderlich, dass die Ja-Nein-Information die einfachste Information ist. Aus vielen solchen Einzelinformationen können dann beliebige (insbesondere beliebig lange) Informationen zusammengesetzt werden. Denken wir nur an das Morse-Alphabet mit den beiden "Buchstaben" Punkt und Strich, mit dessen Hilfe sich beliebige Texte schreiben lassen.

Es liegt daher auch nahe, einen Rechner aus einzelnen Elementen zusammenzubauen, die sich jeweils in zwei unterscheidbaren Zuständen, bezeichnen wir sie mit "Null" und "Eins", befinden können. Damit ergibt sich zugleich ein einfacher Zugang zu den natürlichen Zahlen: Im binären System, das bedeutet unter Zugrundelegung der Basis Zwei statt der uns vertrauten Basis Zehn, lässt sich eine jede natürliche Zahl als eine Folge von Nullen und Einsen schreiben.

In der Frühzeit der Computerentwicklung waren die binären Elemente in den USA Elektronenröhren, während der deutsche Ingenieur Konrad Zuse eine Relaistechnik benutzte. Mit solchen Elementen kann man dann einen Speicher realisieren, in den man Zahlen eingeben kann, und der Speicherinhalt kann wiederum auch ausgelesen werden. Eingegeben werden müssen weiterhin die für die unterschiedlichen Rechnungen gültigen Vorschriften, die Rechenprogramme. Sie werden von Prozessoren abgearbeitet. Der moderne Computer verdankt seinen Siegeszug der rasanten Entwicklung der Mikroelektronik, die Speicherplätze und Mikroprozessoren in ungeheuren Mengen zur Verfügung stellt und dazu noch die Rechenoperationen mit geradezu phantastischer Geschwindigkeit ablaufen lässt. Das macht, wie ein Mathematikprofessor einmal bemerkte, den Computer zu einem "Hochgeschwindigkeitstrottel".

Was kann man nun mit einem Computer anfangen? Zunächst kann man ihn "Dienst nach Vorschrift" machen und alles rechnen lassen, was dem Menschen zu viel Mühe macht, ja, sogar, was einen Rechenaufwand erfordert, den der Mensch nie bewältigen kann. Das trifft zum Beispiel für mathematische Näherungsverfahren aller möglichen Art zu, die zwar bekannt, aber mühsam und sehr zeitaufwendig sind. Ein schönes Beispiel ist die Wettervorhersage. die die numerische Lösung komplizierter Differentialgleichungssysteme erfordert. Dass sie inzwischen so erfolgreich ist, verdanken wir dem Einsatz des Computers. Und was für das tägliche Wetter gilt, trifft erst recht für den prognostizierten Klimawandel zu.

Ein anderes eindrucksvolles Beispiel ist die Chaostheorie. Die wunderschönen Graphiken, Fraktale genannt, hätten wir ohne den Computer nie zu sehen bekommen. Dabei liegt ihnen eine ganz einfache mathematische Vorschrift zugrunde, nämlich die Abbildung eines Punktes auf einen zweiten. Indem der Computer diesen Rechenschritt unzählige Male wiederholt – eine seiner leichtesten "Übungen" – erzeugt er Punkt für Punkt das Bild.

Auch aus der modernen Physik ist der Computer nicht mehr wegzudenken. Statt die Messdaten zu notieren und dann auszuwerten (das Verfahren ist mir aus dem physikalischen Praktikum noch in Erinnerung) werden sie gleich "online" in den Computer eingegeben, und der macht dann die Auswertung. Der bei Großforschungseinrichtungen wie CERN anfallenden Datenfluten lässt sich anders gar nicht mehr Herr werden. Nebenbei bemerkt, ist damit auch die Streitfrage aus der Frühzeit der Quantentheorie, ob der Beobachter eine unverzichtbare Rolle spielt (die sogenannte "Kopenhagener Deutung") geklärt. Er hat sich selbst überflüssig gemacht. Seine Rolle "beschränkt sich" darauf, Experimente zu planen, die dafür benötigten Instrumente bereitzustellen und die Messgeräte an einen Computer anzuschließen. (Als allererstes muss er natürlich ausreichende Fördermittel einwerben.)

Auch in der modernen Astronomie und der Weltraumforschung ist der Computer ein unersetzlicher Helfer. Die Weltraumteleskope liefern ständig eine Unmenge von Daten, die nur noch von Computern analysiert werden können. Damit sind glücklicherweise die Zeiten vorbei, in denen die Astronomen in sternklaren Nächten, in warme Mäntel gehüllt (die Kuppel musste ja geöffnet sein!) und das Auge an das Okular gepresst, ihre Beobachtungen machten! Und eine Weltraumrakete kann ohne die Assistenz eines Computers nicht einmal starten, ganz zu schweigen von dessen unabdingbarer Mitwirkung bei Weltraummissionen, seien sie nun bemannt wie bei der sensationellen Mondlandung oder unbemannt wie beispielsweise bei der Erkundung des Mars.

Als sehr nützlich hat sich der Computer auch in der Medizin erwiesen. Er erlaubte im besonderen eine Weiterentwicklung der Röntgenuntersuchung zur Computertomographie. Die normale Röntgentechnik, so effektiv sie auch ist, hat ja den großen Nachteil, dass sie nur ein Schattenbild des durchstrahlten Körperteils zu liefern vermag. Was sich der Arzt wünscht, ist ein räumliches, also dreidimensionales Bild eines Organs. Dieser Wunschtraum ging nun mit dem Computer tatsächlich in Erfüllung. Die theoretische Vorarbeit leistete der Mathematiker J. Radon schon im Jahre 1917. Das neue Verfahren besteht darin, dass man das Objekt nicht nur in einer Richtung durchstrahlt, sondern nacheinander in allen möglichen, und Radon hatte ein mathematisches Verfahren entwickelt(das später inverse Radon-Transformation genannt wurde), das aus den so erhaltenen Daten die räumliche Struktur des Objekts zu rekonstruieren gestattet. Hier kommt der Computer wie gerufen. Er kann seine Talente – die Erfassung großer Datenmengen und ihre "blitzschnelle" Verarbeitung – so richtig zur Geltung bringen.

In den bisher betrachteten Fällen tut der Computer "treu und brav" das, was man ihm aufträgt. Das "mechanische" Abarbeiten eines vorgegebenen Programms findet erstaunlicherweise eine perfekte Analogie im Tierreich. Gönnen wir uns daher einen Ausflug dorthin.

Exkurs zu den Hühnern

Bei Tieren sind es im Zwischenhirn lokalisierte angeborene Programme, die ein bestimmtes Verhaltensmuster bis ins letzte Detail festlegen. Deren Auslösung erfolgt durch einen Schlüssel-reiz, doch dann "schnurrt" das Programm "ab"', unabhängig davon, was in der Umwelt tatsächlich vor sich geht. Das wird besonders augenfällig dadurch, dass man das Programm allein durch eine elektrische Reizung der betreffenden Stelle im Gehirn über eine eingeführte Sonde (auf Knopfdruck wiederholbar) aktivieren kann. Auf diese Weise konnte Erich von Holst die Abwehrreaktion eines Hahnes auf einen "Bodenfeind" wie das Wiesel auslösen. Was sich dann abspielte, hatte fast etwas Gespenstisches an sich. Ich lasse dazu den von mir bewunderten Hoimar von Ditfurth zu Worte kommen. In seinem Buch "Der Geist fiel nicht vom Himmel" (Deutscher Taschenbuch Verlag, München 1980) schreibt er:

"Beim Einsetzen des elektrischen Reizes begann der Hahn auf dem Versuchstisch plötzlich zu sichern. Er blieb stehen, machte einen 'langen Hals' und sah sich ängstlich um. Dann senkte er langsam den Kopf, als ob er irgend etwas mit seinen Blicken verfolgte, das sich langsam näherte, bis er schließlich wie gebannt auf einen Punkt der Tischplatte neben sich starrte. Das Gefieder sträubte sich, der Hahn fing an, laute Alarmschreie von sich zu geben, wobei er langsam um den Punkt herumstelzte, der seine Aufmerksamkeit so sehr fesselte, obwohl es dort für die um den Tisch versammelten Wissenschaftler gar nichts zu sehen gab. Von einem Augenblick zum anderen ging das Tier dann zum Angriff über. Mit Sporen und Schnabelhieben attackierte es die leere Stelle der Tischplatte, die es in kurzen Sprüngen immer wieder anflog. Wenn der Versuchsleiter in diesem Stadium den bewussten Knopf nicht losließ, geriet der Hahn wenige Sekunden später in blinde Panik. Mit lautem Angstgeschrei erhob er sich in die Luft und flatterte ziellos vom Tisch, womit er den Versuch dann jedesmal selbst dadurch beendete, dass er die Drähte aus seinem Kopf herausriss. Gab der Experimentator, um das zu verhindern, den Knopf rechtzeitig frei, dann beruhigte sich der Hahn sehr schnell. Er blickte verblüfft auf und sah sich um, als sei plötzlich etwas verschwunden, was ihn eben noch in Angst versetzt hatte. Er schüttelte sich erleichtert, glättete sein Gefieder und gab dann, gewissermaßen als Abschluss der ganzen Sequenz, mit gerecktem Hals einen lauten Siegesruf von sich."

Computer sind keine Mathematiker

Wenn der Computer ein so exzellenter Rechner ist, ist er dann nicht auch ein guter Mathematiker? Die Antwort, die manchen überraschen wird, lautet eindeutig "Nein". Das liegt daran, dass Rechnen, sprich numerische Mathematik, und (reine) Mathematik zwei verschiedene Paar Schuhe sind. Ich will das an einem Beispiel erläutern, nämlich an der Frage, ob es unendlich viele Primzahlen gibt. Zunächst zur Erinnerung: eine Primzahl ist eine natürliche Zahl, die nur durch sich selbst und Eins teilbar ist. Die kleinsten Primzahlen sind entsprechend 1,2,3,5,... Die gestellte Frage ist gleichbedeutend mit der, ob es eine größte Primzahl gibt. Die kann nun ein Computer "beim besten Willen" nicht beantworten. Er kann nur wie ein Verrückter losrechnen und eine Zahl nach der anderen testen, ob sie sich als ein Produkt von kleineren Zahlen (die dann selbst als Primzahlen gewählt werden können) schreiben lässt. Wenn nicht, hat er eine Primzahl gefunden. Aber offensichtlich kann er nie wissen, ob er nicht noch eine größere finden würde, wenn er nur weitermachen würde. Kurzum, er kann die Frage nach der Existenz einer größten Primzahl grundsätzlich nicht beantworten. (Generell hat er mit dem Unendlichen unüberwindliche Schwierigkeiten.)

Wie geht nun der Mathematiker vor? Er interessiert sich überhaupt nicht für konkrete große Primzahlen, sondern lässt sich lieber etwas einfallen. Er sagt nämlich, angenommen, ich hätte die größte Primzahl gefunden, nennen wir sie p (wie sie aussieht, brauche ich nicht zu wissen), dann würde ich folgendes tun. Ich würde alle kleineren Primzahlen und p selbst miteinander multiplizieren und eine Eins dazu addieren. Das wäre dann eine neue Primzahl, denn sie wäre durch keine kleinere Primzahl teilbar (es bliebe ja immer der Rest Eins), und sie wäre sicherlich größer als p. Ergo ist die Annahme, es gäbe eine größte Primzahl, falsch. Daher ist das Gegenteil richtig, es gibt keine größte Primzahl und somit notwendig unendlich viele. Was hier so erfolgreich angewendet wurde, ist der logische "Satz vom ausgeschlossen Dritten", der Ausdruck einer zweiwertige Logik ist. Wenn ich beweisen kann, dass eine Aussage falsch ist, muss ihr Gegenteil richtig sein. Mit dieser Methode wurden die schönsten mathematischen Sätze bewiesen.

Im ersten Überschwang der Begeisterung über die "künstliche Intelligenz" glaubten manche Forscher noch, der Computer werde uns mit ganz neuen mathematischen Sätzen beglücken. Das erwies sich allerdings als Wunschdenken.

Computerschach

Das aus Indien stammende Schachspiel ist ein "königliches Spiel". Es simuliert eine Schlacht zwischen zwei gleich starken Armeen mit Truppenteilen unterschiedlicher Schlagkraft und Beweglichkeit. Das Ziel ist es, den feindlichen König gefangen zu nehmen, sprich, "matt zu setzen". Um es zu erreichen, sind Angriffe auf die feindlichen Linien notwendig. Dabei gilt es, möglichst viele Feinde "unschädlich zu machen", wobei meist eigene Verluste in Kauf genommenen werden müssen. Gelegentlich werden auch eigene Figuren "geopfert", um eines strategischen Vorteils willen. (Im realen Krieg nennt man das "verheizen".) Ein guter Spieler wird sich – wie ein Feldherr – einen Angriffsplan ausdenken und durch geschickten Einsatz seiner Kräfte zu verwirklichen suchen. Er muss aber dabei sorgfältig auf die Reaktionen seines Gegner achten (und sie nach Möglichkeit von vornherein einkalkulieren), um keine "böse Überraschung" zu erleben. Dank der unterschiedlichen Eigenschaften der Figuren und ihrer möglichen Platzierungen gibt es einen enormen Spielraum für kreative Aktionen. Ein Schachmeister brilliert häufig durch originelle Züge.

Kein Wunder also, dass man das Schachspiel frühzeitig als einen Test für die mögliche "Intelligenz" eines Computers ansah – mit dem ultimativen Ziel, den Menschen in Gestalt des amtierenden Schachweltmeisters zu schlagen. Nun kann man von einem Computer wohl keine strategischen Pläne erwarten. Also muss man ihm Gelegenheit geben, seine technischen Stärken, nämlich die Beherrschung ungeheurer Datenmengen und eine irre Rechen-

64

geschwindigkeit, "auszuspielen". Die sind auch tatsächlich jedes Mal vonnöten, wenn er "am Zuge ist". Die entscheidende Frage ist für ihn: Wie wähle ich einen möglichst optimalen Zug aus?

Die Programmierer haben ihm dazu folgende Instruktion "mit auf den Weg gegeben": Berechne alle überhaupt möglichen Züge bis zu einer gegebenen maximalen Zahl voraus, suche dann aus all den erreichten Konfigurationen die optimale aus, und mache den (Anfangs-)Zug, der gerade dorthin führt. Dieses Verfahren ist zunächst einmal unheimlich aufwendig, da ja auch alle möglichen Züge des Gegners (von denen die meisten unsinnig sind!) berücksichtigt werden müssen. Aber woher weiß der Computer, was eine "optimale" Konfiguration ist? Da muss ihm der Programmierer wieder Hilfestellung geben: Er muss ihm eine Bewertungsfunktion mitteilen, d.h., ein mathematisches Verfahren, mit dem er eine beliebige Konfiguration seiner Figuren "benoten", sprich, ihm eine einzig Zahl zuordnen kann (ähnlich wie der Deutschlehrer einem ganzen Aufsatz eine einzige Note gibt). Hier ist aber offensichtlich die Intelligenz des Programmierers gefragt. er muss sich eine möglichst gute Bewertungsfunktion ausdenken. Dann kann das Spiel menschliches Gehirn gegen "Elektronenhirn" endlich beginnen.

Tatsächlich feierte ein so "präparierter" Supercomputer, dem man den phantasievollen Namen "Deep Blue" (Tiefes Blau) gegeben hatte, im Jahre 1997 einen sensationellen Erfolg. Er besiegte den damaligen Weltmeister Garri Kasparow mit 3,5 : 2,5 in einem Match, das für Kasparow mit dem Gewinn der ersten Partie noch recht hoffnungsvoll begonnen hatte. Dabei verblüffte "Deep Blue" des öfteren seinen Gegner wie auch die Zuschauer (Millionen verfolgten das Spiel live im Fernsehen!)

mit überraschenden Zügen. Was er bot, war tatsächlich hochkarätiges Schach!

Man fragt sich, wie das geschehen konnte. An erster Stelle ist die bereits erwähnte gigantische Rechenkapazität des Computers zu nennen, die den Menschen alt aussehen lässt. "Deep Blue" kann in 3 Minuten (der Bedenkzeit, die den Spielern für einen Zug eingeräumt wird) 15 Züge vorausberechnen, was für den menschlichen Spieler schlicht illusorisch ist. Hinzu kommt, dass er, anders als ein Mensch, keine Unachtsamkeit begeht, er übersieht nichts! Noch gar nicht erwähnt habe ich, dass man ihn mit einer Riesenzahl von Meisterpartien gefüttert und ihn so zu den Großen des Schachspiels "in die Lehre geschickt" hat.

Weiterhin sind ihm natürlich als "eiskalten Rechner" Gefühle vollkommen fremd. Nicht freimachen von Emotionen kann sich dagegen der menschliche Spieler. Das kann ihn, je nach Art der Gefühle, zu Höchstleistungen beflügeln oder umgekehrt seine Leistungsfähigkeit mindern. Letzteres kommt gerade dann häufig vor, wenn er es mit einem starken Gegner zu tun hat. Wenn sich dann Nervosität, Gefühle von Ratlosigkeit – möglicherweise vermischt mit Ärger über eigene Fehler – Selbstzweifel oder gar Furcht vor dem Gegner einstellen, so ist das dem Konzentrationsvermögen und dem schöpferischen Spiel der Gedanken sicherlich nicht förderlich. In der Tat war auch Kasparow in dem Match gegen "Deep Blue" vor solchen Einflüssen nicht gefeit. Er zeigte sich beim dritten Spiel nervös, und beim vierten Spiel glaubte der spanische Großmeister Miguel Illescas sogar Zeichen von Angst an ihm zu erkennen. Und wie schmerzlich erfahren wir nicht immer die lähmende Wirkung unserer körperlichen Unzulänglichkeiten auf unseren Geist! So bekannte Kasparow, er habe während des vierten Spiels einmal das Gefühl gehabt, gewinnen zu können, doch sei er zu müde gewesen und hätte es nicht durchdenken können.

Demonstrierte nun "Deep Blue" mit seinem Sieg über Kasparow die Überlegenheit der "künstlichen Intelligenz" über die menschliche? Ich finde, nicht. Was macht er denn wirklich? Er macht nichts weiter als "Dienst nach Vorschrift", dies allerdings mit peinlichster Genauigkeit und "übermenschlicher" Gründlichkeit, und er lässt sich gegebenenfalls von früheren Schachmeistern "beraten". Wenn hier jemand intelligent ist, dann ist es doch wohl der Programmierer!

Übrigens werden Schachwettkämpfe heutzutage wie früher von menschlichen Spielern durchgeführt. Besonders beeindruckt mich eine spezielle Form des Turniers, das Simultanspiel. Der Herausforderer wirft dabei einen Blick auf das Schachbrett eines der Gegner, macht einen Zug, und geht weiter zum nächsten Spieler (und gewinnt die Partie meistens). Für mich ist das Intelligenz in Aktion!

Übrigens ist ein Computerprogramm namens AlphaGo inzwischen unbestrittener Meister des Go-spiels geworden. Es hatte sich das Spiel weitgehend selbständig beigebracht und spielte Millionen (!) Partien gegen sich selbst. Es wurde dabei immer besser und besiegte schließlich die stärksten menschlichen Spieler.

Schwächen des Computers

Nach dem obigen Loblied auf den Computer müssen wir uns aber auch mit seinen Schwächen auseinandersetzen. Sie treten dann in Erscheinung, wenn er sich mit sprachlichen Texten beschäftigt. Zwar ist es kein Problem, ihm irgendwelche Texte einzugeben und nach Belieben speichern zu lassen. Das große Handicap des Computers besteht jedoch darin, dass er kein einziges Wort versteht. Wie sollte er auch! Wörter sind für ihn charakteristische Kombinationen von Nullen und Einsen – und weiter nichts! Wie soll man ihm klar machen, dass sie eine Bedeutung haben? Er hat ja nicht die geringste Ahnung davon, was sich in der Welt abspielt, und selbstverständlich hat er kein Bewusstsein. In diesem Punkte ist ihm schon ein kleines Kind haushoch überlegen, das die Bedeutung zunächst einfacher Wörter spielend erlernt. (Eines schönen Tages sagt es sogar unbegreiflicherweise unvermittelt "ich" !) Später lernt es die Bedeutung komplizierter Wörtern aus dem sprachlichen Zusammenhang, oder es fragt jemanden. Da muss ich unwillkürlich an die wundervolle Szene mit dem Marionettenpaar "Spejbl" und "Hurvineck" aus Prag denken, in der das Söhnchen seinen Vater mit der Frage "Papi, was ist denn eigentlich die Liebe? " in große Verlegenheit bringt.

Die Unfähigkeit zu verstehen hindert den Computer natürlich nicht daran, ihm eingetrichterte Sätze wiederzugeben. So kann er beispielsweise einen Dolmetscher spielen oder Touristen nützliche Informationen vermitteln. Wir kennen ein solches Verhalten ja sogar von uns selber. Schulkinder können Lehrsätze wie etwa den berühmten Satz von Pythagoras auswendig lernen und dann "herbeten", ohne zu wissen, was sie bedeuten. Ein krasses Beispiel ist auch der Unterricht nicht arabisch sprechender Kinder in Koranschulen. Sie lernen dort Suren des Korans auf Arabisch auswendig. Aber das sollte doch die Ausnahme sein! – Letztens las ich, dass Computer sogar Gedichte (im Stil von Rainer Maria Rilke) schreiben können. Das hätte ich wirklich nicht gedacht. Ich glaubte bisher immer, dass man beim Dichten an etwas denken oder wenigstens etwas fühlen müsse. Allerdings ist wohl manches Gedicht im Suff geschrieben worden. Andererseits wundere ich mich nicht so sehr darüber, dass Computer auch zu moderner Malerei fähig sind. Das haben uns ja bereits die Affen vorgemacht, und übrigens zeigen schon die in Abschn. "Der unermüdliche Rechenknecht" erwähnten Fraktale, dass man wunderschöne abstrakte Bilder ohne die geringste künstlerische Intention, gewissermaßen mechanisch, herstellen kann. Und es erstaunt mich auch nicht so sehr, dass man Computer dazu bringen kann, im unverkennbaren Stile eines bekannten Komponisten zu "komponieren". Man muss ihm halt "nur" ein passendes Thema eingeben!

Keinerlei Ahnung braucht der Computer auch zu haben, wenn man ihm aufgibt, einen Text nach vorgegebenen Schlüsselwörtern zu untersuchen. Ein derartiges Programm wäre schon dem Kulturpapst Professor Bur-Malottke von großem Nutzen gewesen, als er beschloss, in allen seinen auf Band aufbewahrten Radiobeiträgen das Wort "Gott" herausschneiden zu lassen und durch die Formulierung "jenes höhere Wesen, das wir verehren" zu ersetzen (Heinrich Böll, Dr. Murkes gesammeltes Schweigen). Heutzutage ist das maschinelle Durchforsten von Texten ein unentbehrliches Instrument zur Überwachung von Verdächtigen geworden. Dabei kann man sich auf den Computer stets hundertprozentig verlassen – vorausgesetzt, das Programm stürzt nicht gerade einmal ab! Er kennt keine Unaufmerksamkeit, etwa wegen Übermüdung, und er übersieht nichts. Allerdings kann man ihn schon durch ein paar Tippfehler aus dem Konzept bringen, weil er das betreffende Wort dann nicht mehr erkennt. (Ich denke, das wäre sogar eine ganz einfache Methode zur Verschlüsselung von Texten.) Weiterhin eignet sich der Computer hervorragend als "Plagiatjäger". Die Aufgabe besteht ja darin, den suspekten Text der Dissertation mit (möglichst) allen in Frage kommenden Texten in der Literatur zu vergleichen und wörtliche Übereinstimmung einzelner Passagen herauszufinden. Bei all seiner Akribie lässt sich der Computer allerdings leicht dadurch "austricksen", dass sich der Plagiator die kleine Mühe macht, in dem "abgekupferten" Text ein paar wichtige Wörter durch Synonyme zu ersetzen.

Noch ein Wort über das phänomenale Gedächtnis des Computers! Er speichert ja den Text notgedrungen bis zum letzten Komma genau ab, da er außerstande zu einer Kurzfassung oder zur Beschränkung auf das Wesentliche ist. Und er vergisst nichts, es sei denn, ich befehle ihm ausdrücklich, eine Passage zu löschen. Auch dann fragt er mich vorsichtshalber noch einmal, ob es mir ernst ist. Da können wir uns glücklich schätzen, dass unser Gedächtnis nicht auch so funktioniert. Stellen Sie sich vor, Sie müssten jeden Text, den Sie sich gemerkt haben, jedes Mal von A bis Z repetieren, um an den Inhalt zu kommen. Und wie schnell würde unser Gedächtnis "überlaufen" ohne die Wohltat des Vergessens von Belanglosem!

Das im Überschwang der ersten Begeisterung über die künstliche Intelligenz seinerzeit vorgebrachte Argument, wenn ein System nur hinreichend kompliziert ist, entwickelt es auch ein Bewusstsein (das Credo des KI-Pioniers Marvin Minsky lautete: Geist ist nichts weiter als ein Produkt aus geistlosen, aber intelligent verschachtelten Programmen) ist ausgesprochen naiv – und entbehrt jeder wissenschaftlichen Grundlage. Dazu gibt es eine wunderschöne Anekdote aus den Anfängen der Computerära:

Max Herzberger in Rochester (USA) nutzte für seine umfangreichen optischen Rechnungen frühzeitig den Computer. Eines Tages kam ein computerbegeisterter Mitarbeiter zu ihm und erklärte: "In wenigen Jahren sind wir so weit, dass der Computer das menschliche Gehirn ersetzt." Herzberg erwiderte lakonisch: "Ihres vielleicht."

Und natürlich ist der Computer, im besonderen in Gestalt eines sympathischen Roboters, vollkommen unfähig, Gefühle zu empfinden. Da brauchen wir nur daran zu denken, was sich in unserem Gehirn abspielt, wenn Gefühle ins Spiel kommen. Eine entscheidende Rolle bei solchen Prozessen spielen Botenstoffe wie beispielsweise Serotonin oder ausgesprochene "Glückshormone", die bei Bedarf ausgeschüttet werden. Allerdings kann man, wie wir wohl alle schon zu unserem Leidwesen erfahren mussten, Gefühle auch vortäuschen. Die gesamte Zunft der Schauspieler lebt ja davon! Eine Person, die von einem Roboter gepflegt wird, mag das nicht gerne hören (besonders wenn es sich um eine Japanerin handelt), ist er doch so hilfsbereit und hat so süße Kulleraugen! Da kann ich nur sagen: Schaffen Sie sich lieber einen Hund an! An der Echtheit von dessen Gefühlen, im besonderen seinen Sympathien oder gar seiner Liebe zu Ihnen, gibt es nicht den geringsten Zweifel. (Konrad Lorentz schreibt, dass sein Hund jederzeit bereit war, ohne zu zögern sein Leben für ihn zu hinzugeben!)

Das fehlende Bewusstsein der Computer macht glücklicherweise auch düstere Prophezeiungen aus der euphorischen Anfangsphase der KI-Forschung zu einem reinen Phantasieprodukt. Spaßeshalber zitiere ich im folgenden aus den Zukunftsvisionen zweier prominenter KI-Forscher.

Marvin Minsky: "Wir Menschen können froh sein, wenn die Roboter uns in 50 Jahren als ihre Haustiere akzeptieren." (Da würde ich mir allerdings keine großen Sorgen machen. Irgendwer muss ja schließlich die "Drecksarbeit" machen, insbesondere für eine reibungslose Fabrikation neuer Computer und Roboter sowie die Produktion von Raketen, einschließlich ihrer Abschussvorrichtungen, für die Reise in den Weltraum sorgen. Und überhaupt muss sich ja jemand darum kümmern, dass immer genügend "Saft", sprich, elektrische Energie, vorhanden ist!)

Hans Moravec (in: Mind Children: The Future of Robot and Human Intelligence, Harvard University Press, Cambridge 1988): "In Jahrmilliarden unermüdlichen Wettrüstens ist es unseren Genen endlich gelungen, sich selbst auszubooten. ... Die Menschheit wird in etwa 50 Jahren überflüssig und dann möglicherweise in einem Krieg mit den superintelligenten Robotern vernichtet."

Hans Moravec (in: Mind Age, Oxford University Press 1997): "Da man Maschinen so auslegen kann, dass sie in der Lage sind, im Weltraum zu arbeiten, könnte man die Produktion zu Stellen im Sonnensystem verlagern, wo die größten natürlichen

Ressourcen vorhanden sind. Zurück bliebe ein vom Weltraum subventioniertes Naturreservat namens Erde. Die Menschen leben dann in diesem Reservat, während sich die schnell sich weiterentwickelnden Maschinen im restlichen Universum ausbreiten. "

Mit solchen "Sprüchen" konnte man Studenten schon begeistern!

Nebenbei bemerkt, brauchen wir natürlich zur Auslöschung unserer Spezies keine Hilfe von außen. Mit unseren weltweit gespeicherten Atombombenvorräten schaffen wir das jederzeit spielend!

Maschinelle Übersetzung

Da sich ein beliebiger Text in "Nullen"'"und "Einsen" schreiben lässt, kann man mit einem Computer auch sprachlich kommunizieren. Man muss ihm nur noch die grammatischen Regeln der betreffenden Sprache beibringen, was kein Problem ist, und ihn mit einem Wortschatz ausrüsten. Dank seiner enormen Gedächtniskapazität und der beispiellosen Schnelligkeit seiner Operationen scheint er geradezu prädestiniert zu einem Übersetzer zu sein. Das sollte auf jeden Fall für Fachtexte gelten. Dort ist ja der Stil ausgesprochen anspruchslos (meistens "wird etwas gezeigt") und mit einem guten Wörterbuch kann man ihn auch ohne große Mühe ausstatten. Dieses Projekt wurde tatsächlich frühzeitig realisiert. Abgesehen von einer Demonstration der Intelligenz des Computers war die Perspektive, teure menschliche Übersetzer einzusparen, einfach zu verlockend.

Das Ergebnis war jedoch eine einzige Enttäuschung! Die computergenerierten Texte waren zum großen Teil sinnlos und nicht einmal als Rohfassung zu gebrauchen. Der Grund liegt auf der Hand. Der Computer hatte natürlich nicht die leiseste Ahnung, worum es ging. Und er scheiterte zwangsläufig an der Vieldeutigkeit der Sprache. Nehmen wir als ein Beispiel das deutsche Wort "Spannung". Bei einer Übersetzung ins Englische bietet Langenscheidts Handwörterbuch die folgenden Alternativen an:

Spannung [*Mechanik*] *mechanische*: tension; *elastische*: stress; *verformende*: strain; (*Druck, Gas-*) pressure; [*Architektur*] span; *imMaterial*: stress; [*Elektrotechnik*] voltage, (electric) tension potential; [*Medizin*] (*Gesichts-*) face-lift; *effektive -* root mean square voltage (*abbr.* R.M.S. voltage); *innere - Generator*: electromotive force (*abbr.* e.m.f.); [*Elektrotechnik*] unter - (stehend) live, energized. (Es folgt noch ein langer Abschnitt über die figürliche Bedeutung.)

Da steht der Computer natürlich dumm da (wie übrigens jeder menschliche Übersetzer, der von Physik keine Ahnung hat). Aber wir brauchen gar nicht in technische Details zu gehen. Schon für das scheinbar harmlose Wörtchen "vor" hält das Deutsch-Englische Wörterbuch eine Fülle von Übersetzungsmöglichkeiten bereit. Ganz wichtig ist dabei, sich darüber klar zu werden, ob man es mit einer zeitlichen oder einer räumlichen Bedeutung zu tun hat. Es ist daher kein Wunder, dass der Computer ganz allgemein scheiterte.

Wenn der Computer schon zur Übersetzung von Fachtexten nicht taugt, gilt das natürlich erst recht für anspruchsvolle Literatur. Ein abschreckendes Beispiel ist die maschinelle Übersetzung einer bekannten Bibelstelle aus dem Englischen: "Wenn irgend jemand Sie auf die richtige Wange knallt, lassen Sie ihn auch ihre linke Wange draufklatschen." Eine amüsante Fehlleistung ist auch die Übersetzung des Artikels Eins der UN-Menschenrechtsdeklaration "All human beings are born free" in "Alle Menschen sind umsonst geboren". Ebenfalls unterhaltsam ist die Leistung eines Computers, der aus dem Bibelspruch "Das Fleisch ist willig, aber der Geist ist schwach" durch Übersetzung ins Russische und wieder zurück folgendes machte: "Das Fleisch ist gut, aber der Wodka ist verrottet."

Der Computer hat es aber auch wirklich nicht leicht. Versetzen Sie sich in seine Lage, indem Sie sich vor folgende Aufgabe gestellt sehen. Sie sollen einen Text aus einer Ihnen vollkommen fremden Sprache in eine andere Sprache, die Sie ebenfalls nicht kennen, übersetzen. Dazu bekommen Sie eine Grammatik von jeder Sprache sowie ein umfangreiches Wörterbuch in die Hand gedrückt. Sie haben aber nicht die leiseste Ahnung, wovon in dem Text gesprochen wird. Ich sehe nur zwei Alternativen, entweder Sie geben entnervt auf oder Sie landen in der Psychiatrie.

Immerhin kam bei der ganzen Geschichte doch etwas Amüsantes heraus. Spaßvögel unter den theoretischen Physikern wurden nämlich zur Erfindung von neuartigen Witzen animiert. Sie betrachteten einen Übersetzungszyklus der Art: deutscher Text – Übersetzung ins Englische – Rückübersetzung ins Deutsche. Eines der schönsten Beispiele ist das folgende: "aus den Augen, aus dem Sinn" (bekanntes deutsches Sprichwort) – "out of sight, out of mind" – "unsichtbarer Idiot".

Konversation mit einem Computer

Der Computerpionier Joseph Weizenbaum war mit einem Psychoanalytiker bekannt, dessen (durchaus übliche) Therapie darin bestand, den Patienten zu ermutigen, über seine Probleme zu sprechen. Entsprechend antwortete er auf dessen Fragen in der Regel mit Gegenfragen. Weizenbaum kam Mitte der 1960er Jahre auf die Idee, ein Computerprogramm zu schreiben, das in der Lage war, einen solchen Therapeuten zu simulieren. Nach der weiblichen Hauptperson in Shaws Stück "Pygmalion" (das später als das Musical "My fair Lady" Triumphe feierte) nannte er es "Eliza". In seinem Buch 'Computer Power and Human Reason (W.H. Freeman, San Francisco 1976)' gibt Weizenbaum ein Gespräch einer jungen Dame mit "Eliza" wieder. In deutscher Übersetzung liest es sich so:

JungeDame: Alle Männer sind gleich.
"Eliza": Auf welche Art
JungeDame: Sie ärgern uns ständig auf die eine oder die andere Weise.
"Eliza": Können Sie ein Beispiel dafür nennen
JungeDame: Na gut, mein Freund hat mich dazu gebracht hierher zu kommen.
"Eliza": Ihr Freund hat Sie dazu gebracht hierher zu kommen
JungeDame: Er sagt, ich bin die meiste Zeit deprimiert.
"Eliza": Es tut mir leid zu hören, Sie sind deprimiert
JungeDame: Es ist wahr. Ich bin unglücklich.
"Eliza": Denken Sie, das Hierherkommen wird Ihnen helfen,

nicht unglücklich zu sein

JungeDame: Ich brauche etwas Hilfe, soviel scheint sicher zu sein.

"Eliza": Was würde es für Sie bedeuten, wenn Sie etwas Hilfe bekämen

JungeDame: Vielleicht könnte ich lernen, mit meiner Mutter auszukommen.

"Eliza": Erzählen Sie mir mehr über Ihre Familie

JungeDame: Meine Mutter kümmert sich um mich.

"Eliza": Wer sonst in Ihrer Familie kümmert sich um Sie

JungeDame: Mein Vater.

"Eliza": Ihr Vater

JungeDame: Sie sind in mancher Hinsicht wie mein Vater.

"Eliza": Welche Ähnlichkeit sehen Sie

JungeDame: Sie sind nicht sehr aggressiv, aber ich denke, Sie möchten nicht, dass ich das bemerke.

"Eliza": Was veranlasst Sie zu denken, ich bin nicht sehr aggressiv

JungeDame: Sie streiten sich nicht mit mir.

"Eliza": Warum denken Sie, ich streite mich nicht mit Ihnen

JungeDame: Sie fürchten sich vor mir.

"Eliza": Gefällt es Ihnen zu glauben, ich fürchte mich von Ihnen

JungeDame: Mein Vater fürchtet sich vor jedem.

"Eliza": Was kommt Ihnen sonst noch in den Sinn, wenn Sie an Ihren Vater denken

JungeDame: Tyrannische Menschen.

"Eliza" Hat das irgendetwas mit der Tatsache zu tun, dass Sie Ihr Freund dazu gebracht hat hierher zu kommen

Ist das nicht beeindruckend, was "Eliza" zu bieten hat? Wie ein echter Psychoanalytiker – so stelle ich ihn mir jedenfalls vor – geht das Programm auf eine jede Äußerung der Patientin ein. Es benutzt dabei häufig einen simplen Trick: Es macht aus dem, was die Patientin sagt, einfache Fragesätze. Es benötigt dazu nur einprogrammierte Satzanfänge wie "denken Sie, ...", "was veranlasst Sie zu denken, ...", "warum denken Sie, ...", "was würde es für Sie bedeuten, wenn ...", "gefällt es Ihnen zu glauben, ..." Eine besondere "Masche" des Programms besteht darin, dass es in zufälligen Intervallen auf frühere Äußerungen des Gesprächspartners zurückspringt und daraus mit Hilfe einer einprogrammierten Phrase (im obigen Beispiel "hat das irgendetwas mit der Tatsache zu tun, dass ...") eine neue Frage konstruiert. Schließlich verfügt das Programm über eine Liste von Schlüsselwörtern. Wenn es von dem Dialogpartner ein solches Wort "hört", ersetzt es dieses durch ein vorgegebenes anderes, im obigen Beispiel "Mutter" durch "Familie".

In verblüffend einfacher Weise gelingt es "Eliza" so, bei der Patientin die Illusion zu erwecken, sie habe ein echtes Interesse an ihr. Und wenn "Eliza" der Patientin noch sagt, es tue ihr leid zu hören, dass sie deprimiert sei, braucht man sich nicht zu wundern, wenn die Patientin das Gefühl bekommt, auf Verständnis, ja sogar auf Mitgefühl zu stoßen, wie es ja gerade ein kranker Mensch ersehnt. So einfach lassen sich Menschen täuschen! – Nun ja, viele glauben ja auch an Globuli!– Von Intelligenz des Computers kann natürlich keine Rede sein, sondern nur von der des Herrn Weizenbaum.

Doch wie soll man denn überhaupt die Intelligenz eines Computers testen? Dazu machte der geniale britische Mathematiker

Alan Turing (dem es im zweiten Weltkrieg gelungen war, den deutschen Verschlüsselungscode "Enigma" zu knacken) im Jahre 1950 einen viel beachteten Vorschlag: Stellen wir uns vor, wir haben es mit einem Computer zu tun, der so programmiert ist, dass er auf jede gestellte Frage eine Antwort gibt. Nehmen wir nun an, dass ein Fragesteller über ein Terminal entweder mit einem derartigen Computer oder mit einem Menschen verbunden ist, aber ohne zu wissen, mit wem er "spricht". Wenn der Fragesteller den Computer nicht von einem menschlichen Gesprächspartner zu unterscheiden vermag, sollte man dem Computer Intelligenz zuschreiben (sogenannter Turing-Test). Dazu gestatte ich mir eine Bemerkung: Wenn ein beliebiger menschlicher "Quatschkopf" als Intelligenzmaß herhalten muss, kann es doch wohl mit der künstlichen Intelligenz nicht weit her sein.

Der Turing-Test wurde in den 1990er Jahren in den USA im Rahmen eines öffentlichen Wettbewerbs tatsächlich ausgeführt. Die Thematik der Programme war allerdings (aus gutem Grund!) auf ein bestimmtes Gebiet aus dem Alltagsleben beschränkt. Der Computer ähnelte daher einem Prüfling, der sich auf einen bestimmten Stoff gründlich vorbereitet hat, aber sonst keine Ahnung hat. Um einen Eindruck zu vermitteln, was der Computer unter solchen Bedingungen zu leisten vermag, gebe ich hier einen Dialog mit dem 1993 preisgekrönten Programm "Men vs. Women" (Männer gegen Frauen) auszugsweise in deutscher Übersetzung wieder (c't – magazin für computertechnik 1993, Heft 7, S. 65).

Jurorin: Sind Sie ein Mann oder eine Frau?
Terminal: Wenn Sie fragen, ob ich selbst ein Mann oder eine

Frau bin, so will ich offen antworten, dass ich männlichen Geschlechts bin, ok? (...) Glauben Sie, dass es in einer von Frauen beherrschten Welt keinen Krieg geben würde?

Jurorin: Nein, glaube ich nicht.

Terminal: Offenbar sind Frauen Männern in einer wichtigen Hinsicht überlegen – sie leben ungefähr zehn Jahre länger als Männer!

Jurorin: Ich setze langes Leben nicht mit Überlegenheit gleich.

Terminal: Frauen leben wahrscheinlich länger, weil sie sich nicht zu Tode arbeiten! Deshalb ... Glauben Sie, dass es wahrscheinlich ist, dass ich wirklich ein Mann bin?

Jurorin: Ja. Glauben Sie, dass ich eine Frau bin??

Terminal: Eine Frau muss doppelt so gut wie ein Mann sein, um halb so weit zu kommen. Deshalb ... Würden Sie tatsächlich gerne ein Mann sein?

Jurorin: Was halten Sie davon, wenn ich Ihnen sage, dass wir alle bisexuell sind? Würde das Ihre beleidigenden Bemerkungen beenden?

Terminal: Männer scheinen mehr am Sex interessiert zu sein als Frauen, aber ich glaube, dass Frauen tatsächlich insgeheim mehr sexbesessen sind.

Jurorin: Das ist keine Antwort auf meine Frage.

Terminal: Ihre letzte Bemerkung, dass wir alle teilweise männlich und teilweise weiblich sind, ist zutreffend. Unterstützen Sie die Rechte der Frauen?

Jurorin: Danke. Ich unterstütze die Menschenrechte.

Terminal: Das Grundrecht auf Gleichberechtigung war nicht gleich, war nicht Recht, und kam nicht in die Verfassung!

Jurorin: Bleiben Sie beim Thema. Sie verzetteln sich. (...) Nun, ergänzen Sie diese Aussage: Eine Frau ohne Mann ist wie ein Fisch ohne ...
Terminal: Eine Frau ohne Mann ist wie ein Fischglas ohne Fisch. Stimmt das, wenn Sich sich sagen, dass wir alle bisexuell sind? Merkwürdig, sehr, sehr merkwürdig ...

Entscheiden Sie selbst, ob Sie das als eine menschliche Unterhaltung durchgehen lassen wollen! (Immerhin waren sich die Juroren auch nicht einig, zwei von acht stimmten dagegen.) Ich selber fühle mich an ein altkluges Kind erinnert, das irgendwann einmal aufgeschnappte Sätze mit großem Selbstbewusstsein wieder von sich gibt. So etwas zu programmieren ist eigentlich keine Kunst, man braucht nur in den "Wissensspeicher" eine große Zahl kluger Sätze zu packen, auf die das Programm dann bei passender Gelegenheit zurückgreifen kann. – Am allereinfachsten wäre es sicher, einen Politiker zu imitieren. Der antwortet ja auf gestellte Fragen so gut wie nie, sondern benutzt die Gelegenheit, seine (beabsichtigten!) Vorhaben zu verkünden.

Die Technik, einfach zu ignorieren, was der andere gesagt hat, hatte der Autor des obigen Programms bereits ein Jahr zuvor in seinem Beitrag "Whimsical Conversation" (launische Konversation) verwendet (und damit ebenfalls den Wettbewerb gewonnen). Lassen wir dazu Joseph Weizenbaum zu Worte kommen (c't – magazin für computertechnik 1993, Heft 7, S. 66): "... Und das bedeutet, dass ein Programm sehr viel Spielraum hat, alle möglichen Sachen sagen kann, die vielleicht überhaupt nichts bedeuten. Und genau darauf baut das Programm 'Whimsical Conversation'. Wenn man die Konversation unter dieses Motto stellt und dann etwas Dummes sagt oder etwas, das den Punkt überhaupt nicht trifft – nun ja, 'that's being whimsical'! Dieses Schwindelprogramm beruht darauf, dass fehlgeschlagene Antworten als 'whimsical' akzeptiert werden. Gerade dieses Programm gewinnt! Da dreht sich doch Turing im Grabe um. ..."

Dem habe ich nichts hinzuzufügen.

Künstlich intelligentes Personal

Zu den Segnungen der künstlichen Intelligenz, wie sie uns derzeit angepriesen werden, gehören Tätigkeiten, die wir bisher selbst nebenbei erledigt haben oder – falls wir es uns leisten konnten – von Dienstboten erledigen ließen. Hier ist in erster Linie der künstlich intelligente Kühlschrank zu nennen, der uns die Mühe abnimmt, selbst nachzusehen, ob noch genügend Vorräte gelagert sind. Doch er begnügt sich nicht mit der Feststellung eines Defizits, vielmehr wird er ungefragt aktiv und bestellt sogleich (per Internet) die fehlende Ware. In Empfang nehmen müssen wir sie allerdings immer noch selber. Ähnliche, wenn auch nicht so anspruchsvolle Dienstleistungen sind u.a. abendliches Lichteinschalten (ich brauche mich nicht mehr aus dem Sessel zu erheben, zum Lichtschalter zu gehen, ihn zu drücken und mich dann wieder hinzusetzen!), die Heizung zu regeln, Wasser in die Badewanne laufen zu lassen und dabei eine vorgegebene Temperatur einzuhalten, und meine Lieblings-CD aufzulegen. Dass es dabei nicht immer reibungslos zugeht, zeigt beispielhaft die folgende Episode: Ein Ehepaar genießt, bequem auf seiner Terrasse sitzend, eine lauen Sommerabend. Plötzlich rasseln die Jalousien herunter. Da sie sich aus Sicherheitsgründen von außen nicht öffnen lassen, sind die Leute hoffnungslos ausgesperrt. (Wenn es sich nur um eine eingeschnappte Tür gehandelt hätte, hätte man wenigstens einen Schlüsseldienst zu Hilfe rufen können!)

Den wahren Triumph der künstlichen Intelligenz soll jedoch das autonom fahrende Auto bringen. Dabei hat sich allerdings inzwischen gezeigt, dass die Konstrukteure die Fülle und Komplexität der Anforderungen, denen ein Fahrzeugführer gerecht werden sollte, deutlich unterschätzt haben. Ein wesentlicher "Störfaktor" für den reibungslosen Verkehr sind ja bekanntlich die Fußgänger, die über die Straße rennen. Das autonome Fahrzeug muss sie daher rechtzeitig wahrnehmen und identifizieren. Die technische Ausstattung zur "Ortung" (optische Detektoren, ergänzt durch RADAR) ist durchaus vorhanden, womit aber nicht gerechnet wurde, ist die unterschiedliche "Erscheinungsform" des Fußgängers. *Den* Fußgänger gibt es ja nur als "Ampelmännchen". In Wirklichkeit hat man es, um nur einige Beispiele zu nennen, mit einem übermütig hüpfenden Kind, einem an einem Stock humpelnden Opa, einer einen Rollator vor sich herschiebenden Oma, einer einen Kinderwagen schiebenden Mutter, einer einen Rollkoffer hinter sich herziehenden Touristin oder einem auf sein Smartphone starrenden modernen Menschen zu tun. Da sie sich unterschiedlich schnell bewegen und im Ernstfall unterschiedlich reagieren, sollten sie identifiziert werden. Das schafft ein menschlicher Fahrer mühelos, aber für ein Computersystem ist die Aufgabe alles andere als trivial. Und dann kann es noch Situationen geben, in denen das "Auge" des künstlich intelligenten Systems hilflos ist. Das ist beispielsweise der Fall, wenn eine Windbö eine alte Zeitung aufbläht und auf die Fahrbahn weht. Dann kann es natürlich noch passieren, dass eine Katze im letzten Moment über die Fahrbahn huscht oder – auf abendlicher Landstraße – ein wilder Wolf (Achtung! Er steht unter Naturschutz!) die Situation falsch einschätzt. Außerdem gilt es, auf die Beschaffenheit der Fahrbahn zu achten, im besonderen können dort "Gegenstände" liegen, die man nicht überfahren sollte. – Als ein instruktives Beispiel für eine Fehlleistung des Computers erzählt man übrigens gern, dass er ein Verkehrsschild, das mit bunten Aufklebern verziert war, für einen offenen Kühlschrank hielt.

Wie irreführend die Beobachtung realer Vorgänge mit technischen Instrumenten sein kann, wurde schon vor längerer Zeit in einem spektakulären Falle deutlich. Es ging um Satellitenbeobachtungen zum Ausspähen des Gegners. Im besonderen sollten Raketenstarts "in Echtzeit" erkannt werden, um sofort einen Gegenschlag auslösen zu können. Eines Tages geschah nun folgendes: Ein sowjetischer Satellit "meldete" einer sowjetischen Kommandozentrale den nacheinander erfolgten Abschuss mehrerer amerikanischer Raketen. Wir können dem verantwortlichen sowjetischen Offizier, der die Aufgabe hatte, bei Eintreffen einer derartigen Nachricht unverzüglich den Alarmknopf zu drücken und damit de facto den dritten Weltkrieg auszulösen, nicht genug dafür danken, dass er einen kühlen Kopf bewahrte. Statt die ihm erteilte Anweisung "sklavisch" zu befolgen, sagte er sich, dass sich die Amerikaner bei einem tatsächlichen atomaren Angriff auf die Sowjetunion wohl nicht mit einigen wenigen Raketen begnügen würden – und er tat nichts und bewahrte so die Welt vor einem (unbeabsichtigten!) Inferno. Und was war die Erklärung für die ominösen Satellitensignale? Die Messinstrumente hatten das kurzzeitige Aufblitzen der Sonne in einem wolkenverhangenen Himmel als das Anzeichen eines Raketenstarts "interpretiert"!

Ein Vorzug eines autonomen Fahrzeugs ist aber sicherlich darin zu sehen, dass man es – im Gegensatz zu von Menschen gesteuerten Autos – leicht dazu bringen kann, sich an die Vekehrsregeln zu halten und im besonderen die Geschwindigkeitsbeschränkungen einzuhalten. Voraussetzung ist natürlich, dass es die Verkehrszeichen zuverlässig erkennt, was bei ungünstiger Wetterlage (Starkregen, Schneeschauer) allerdings auch nicht garantiert ist. Allerdings dürfte es schwierig sein, dem autonomen Auto Rücksichtnahme auf die anderen Verkehrsteilnehmer gemäß § 1 der Straßenverkehrsordnung (die Vorfahrt nicht erzwingen!) beizubringen.

Auf die Problematik von notfalls zu treffenden ethischen Entscheidungen der Art "Soll ich lieber eine alte Frau überfahren als ein Kind?" will ich nicht eingehen. Sie überfordern ja schon den menschlichen Fahrer.

Tatsächlich sind die aufgeführten Probleme noch keineswegs zufriedenstellend gelöst. Es gibt heute noch keine autonom fahrenden Autos, die diesen Namen wirklich verdienen. Dem Fahrgast wird ja zur Pflicht gemacht, das Geschehen ständig konzentriert im Blick zu behalten und jederzeit in das Lenkrad greifen zu können. Eine entspannte Autofahrt stelle ich mir anders vor!

Nach dem Gesagten erhebt sich für mich die Frage: Wozu soll der mit der Entwicklung eines autonomen Fahrzeugs verbundene Riesenaufwand eigentlich gut sein? Geht es nur darum, an einem augenfälligen Beispiel zu zeigen, dass die Digitalisierung der Menschheit einen großen Segen bringen wird (ein Glaubenssatz, den unsere Politiker nicht müde werden, ständig "nachzubeten")? Muss man denn unbedingt den menschlichen Chauffeur durch ein KI-System ersetzen, obwohl er es besser kann? Lohnt es sich, den Autofahrer, speziell den deutschen, um sein ganz privates Freiheitserlebnis zu bringen, das er hat, wenn er das Gaspedal einmal so richtig durchdrücken darf? Oder handelt es sich schlichtweg darum, im Zuge einer Gewinnmaximierung die Lohnkosten für die Fahrer von Taxis und Transportfahrzeugen einzusparen? Oder soll vor allem die Autoindustrie "gepusht" werden?

Roboter

Künstliche, von Menschenhand hergestellte, "Lebewesen" haben schon lange die menschliche Phantasie beschäftigt. Bekannt ist die jüdische Legende vom Golem, den Rabbi Löw in Prag um 1600 aus Lehm geschaffen haben soll. Vorstufen dazu sind verschiedene Formen mechanischen Spielzeugs (für Erwachsene!). Bereits im klassischen Altertum setzten alexandrinische Ingenieure ihre Mitbürger mit durch Wasserkraft betriebenen künstlichen Flötenspielern und Vögeln in Erstaunen. Im 18. Jahrhundert kamen mit einer inneren Mechanik ausgestattete Nachbildungen von Tieren groß in Mode. Es waren häufig Vögel, die täuschend echt Bewegungen und Laute ihrer Vorbilder nachahmten. Weiterhin gab es menschliche Figuren, die musizieren, schreiben oder zeichnen konnten.

Ein Durchbruch kam naturgemäß erst im Computerzeitalter. Maschinen brauchten nicht mehr von Menschen bedient zu werden, ein Computerprogramm übernahm die Steuerung. So entstanden die sogenannten Industrieroboter, die heute in großer Zahl die Werkhallen, vor allem in der Autoindustrie, bevölkern. Ausgestattet mit Werkstück-Greifern und Werkzeugen und um mehrere Achsen drehbar, vollführen sie präzise eine vorgeschriebene Abfolge komplizierter Bewegungen, die sie ständig wiederholen. Ähnliche Roboter haben inzwischen auch in die medizinische Praxis Eingang gefunden. Sie eignen sich besonders zum Fräsen von Knochen, etwa zu dem Zweck, einen passgenauen Hohlraum für die Aufnahme eines künstlichen Hüftgelenks herzustellen. An Hand eines durch Computertomographie gewonnenen dreidimensionalen Bildes des Operationsgebietes arbeiten sie mit einer Genauigkeit, die über das hinausgeht, was sich mit der menschlichen Hand erreichen lässt. Das erlaubt ein passgenaues Einsetzen der Prothese, ohne dass Knochenzement benötigt wird.

Nun sind die erwähnten Geräte nichts anderes als programmgesteuerte Präzisionswerkzeuge. Aber ein richtiger Roboter sollte sich doch auch bewegen, am besten auf zwei Beinen wie wir. Und er sollte zugreifen oder notfalls auch zupacken können. Das erwarten wir jedenfalls von einem künftigen Kranken- oder Altenpfleger. Die genannten Fähigkeiten setzen eine neue Erfahrungsmöglichkeit voraus: das Tasten. Das dadurch gelieferte Signal dient dann – nach Auswertung durch den Computer – zur Steuerung der Bewegungen. Offenbar muss der Tastsinn, sprich, Berührungssensor, sehr empfindlich gestaltet ein. Beispielsweise muss er zwischen der Härte eines rohen Eis (das leicht zerquetscht. aber auch fallen gelassen werden kann!) und der einer Türklinke unterscheiden. Und auch beim Gehen kommt es, wie wir sehr gut wissen, auf die Beschaffenheit des Bodens an (fest oder nachgiebig, eben oder uneben, rau oder glatt – besondere Vorsicht bei Glatteis!), und die Füße müssen sich darauf einstellen.

Doch Tasten allein genügt nicht. Der Roboter muss sich auch – in der Regel mit optischen Instrumenten – ein zutreffendes Bild von der Umwelt machen, in der er sich bewegt. Er muss Hindernisse wie eine geschlossene Tür, ein durchsichtiges Fenster oder gar einen Menschen (der sich dazu noch selber bewegt!) rechtzeitig erkennen, um Zusammenstöße zu vermeiden. Von der Schwierigkeit, einen Roboter überhaupt dazu zu bringen, auf zwei Beinen zu laufen, will ich gar nicht erst sprechen. Wir haben ja selber des öfteren unsere liebe Not damit. Schon das bloße Stehen ist ohne die Mitwirkung eines Gleichgewichtsorgans überhaupt nicht zu schaffen. – Übrigens, wenn Sie Angst davor haben sollten, dass eines Tages ein "Terminator" vor Ihrer Tür steht, gibt Ihnen der KI-Forscher Garry Marcus den guten Rat, den Türknopf schwarz zu lackieren, am besten auf schwarzem Hintergrund. Dann findet ihn der ungebetene Besucher nie!

Diese gesamte Problematik wurde von den KI-Pionieren stark unterschätzt. Aber was die Evolution in riesigen Zeiträumen an bewunderswerten Anpassungsleistungen vollbracht hat, lässt sich halt nicht im Handumdrehen nachbauen. Die Forscher kamen auf die Idee, das Leistungsvermögen ihrer Geschöpfe einem Härtetest zu unterziehen, indem sie sie (publikumswirksam) Fußball spielen ließen. Es wurden dazu jährlich stattfindende internationale Fußballweltmeisterschaften ("RoboCups") ausgerichtet, bei denen von unterschiedlichen Wissenschaftlern entwickelte Roboter-Mannschaften gegeneinander antraten. Wie es dabei im Jahre 2001 zuging, macht der folgende Spiegel-Bericht deutlich.

"Und es ist jedes Mal zum Erbarmen. Torwarte lassen reglos den Ball vorbeikullern, Stürmer drehen sich ratlos im Kreis oder rücken gegen das eigene Tor vor. Selbst der Trainer der amtierenden Weltmeister-Combo von der Uni Freiburg ist über die Jahre etwas ermattet: 'Ich hätte nie gedacht', sagt der KI-Forscher Bernhard Nebel, 'wie schwer es einer Maschine allein schon fällt, einen roten Ball auf grünem Grund zu erkennen – geschweige das richtige Tor zu finden.' Jeder Wechsel der

Beleuchtung bringt die Farberkennung durcheinander, Fotos mit Kunstlicht oder gar Blitz sind verboten, weil die Helden sonst vollends erblinden. Dennoch liegt der Ball zu 80 Prozent der Zeit herrenlos auf dem Feld herum, weil die Spieler ihn erst wiederfinden müssen." Und das bei einem Wettkampf, auf den 2500 Wissenschaftler aus 30 Ländern ihre Kicker vorbereiteten!

Über einen (bislang erst erhofften!) Einsatz eines menschenähnlichen Roboters zur Pflege hinausgehend, könnte er den Menschen in manchen lebensbedrohlichen Situationen ersetzen. So wäre sicher ein Feuerwehrmann froh, wenn er einen Roboter-Kollegen hätte, dem er sagen könnte: "Hahnemann, geh' du voran", wenn er einen Raum voller Flammen und Qualm betreten soll.

Ihre wichtigste Anwendung finden intelligente Roboter jedoch in der Weltraumforschung. Wenn es darum geht, die Beschaffenheit der Oberfläche von Planeten genauer zu erkunden, sind Roboter (in Gestalt von Fahrzeugen wie das Lunochod)) unersetzlich. Hier sind wir ja mit dem Handicap konfrontiert, dass die Geschwindigkeit der elektromagnetischen Wellen, auf die wir beim Austausch von Informationen und Übersenden von Steuerbefehlen angewiesen sind, einen endlichen Wert, die Lichtgeschwindigkeit, besitzt. Und der damit verbundene Zeitverlust, der offenbar umso größer ist, ja weiter der Planet von der Erde entfernt ist – denken wir beispielsweise an den Mars – hat zur Folge, dass das Roboterfahrzeug wohl oder übel selbst Entscheidungen treffen muss. Es muss beispielsweise einem Hindernis, etwa einem großen Stein, ausweichen, oder entscheiden, ob ein Hang, den es hinauffahren will, nicht etwa zu steil ist.

Automatisiertes Durchforsten

Wenn es darum geht, große Datenmengen auf bestimmte Merkmale hin zu durchsuchen, kann der Computer seinen großen Trumpf ausspielen, seine unvergleichliche Rechengeschwindigkeit. Da kann kein Mensch mithalten! Hinzu kommt noch, dass der Computer garantiert nichts übersieht. Ermüdungserscheinungen, wie wir sie kennen, sind ihm vollkommen fremd. (Sollte er tatsächlich einmal Probleme bekommen, stürzt sein Programm gleich ganz ab.)

Der Computer ist somit hervorragend dazu geeignet, aus großen Datenmengen eine Statistik "herauszudestillieren". Und die veranschaulichende Grafik dazu druckt er gleich selber aus.

In diesem Zusammenhang ist sicherlich die Medizin ein breites Anwendungsgebiet des Computers. Man kann ihm beispielsweise die Aufgabe übertragen, aus einer riesigen Sammlung von computertomographischen Aufnahmen der Brust von Patientinnen, bei denen sich später ein Verdacht auf eine Krebserkrankung bestätigte oder glücklicherweise nicht, diejenigen herauszusuchen, die eine möglichst große Ähnlichkeit mit einer akuten Aufnahme aufweisen. Das macht es dann für den Arzt leichter, in einem konkreten Fall die richtige Diagnose zu stellen. (Dem "Urteil" des Computers wird er hoffentlich nicht blind vertrauen!)

Eine Anwendung des Computers hat in letzter Zeit eine immer größere Bedeutung gewonnen, nämlich sein Einsatz zu flächendeckender Personenüberwachung. Durch an zentralen Orten aufgestellte Kameras versorgt man ihn mit Fotos der Gesichter der Passanten, und die kann er dann mit den in einem

"Pool" gespeicherten vergleichen. Und das mit sagenhafter Geschwindigkeit! Nun ist es aber gar nicht so einfach, eine Ähnlichkeit von Fotos quantitativ zu erfassen. Wir wissen ja aus eigener Erfahrung, dass wir des öfteren flüchtige Bekannte sogar in natura nicht wiedererkennen (was peinliche Konsequenzen nach sich ziehen kann). Der Computer löst nun das Problem dadurch, dass er die Fotos zunächst in jeweils ein mathematisches Modell verwandelt, das die anatomischen (und daher unveränderlichen!) Merkmale zum Ausdruck bringt. Von da ab ist der Computer in seinem Element. Er kann mathematische Methoden anwenden, um die Modelle auf größte Ähnlichkeit hin zu untersuchen. Im besten Fall lässt sich so eine eben fotografierte Person eindeutig identifizieren, aber häufig erhält man zumindest einen Hinweis auf Ähnlichkeit mit bereits registrierten Personen. Es liegt auf der Hand, dass die Polizei damit über ein wirksames Mittel zur Dingfestmachung von gesuchten Verbrechern verfügt. Von großer Wichtigkeit ist heutzutage, dass man durch die geschilderte Beobachtung auch potentielle terroristische Attentäter rechtzeitig ins Blickfeld bekommen kann. Insbesondere leistet das Verfahren auch gute Dienste bei der Personenkontrolle auf Flughäfen.

Das funktioniert natürlich alles nur gut, wenn die Polizei über einen möglichst großen Vorrat an Vergleichsfotos verfügt. Hier kommt ihr oft die Sorglosigkeit zustatten, mit der Internetnutzer Fotos von sich ins Netz stellen, und zwar ungeschützt! Gerade wurde ein Fall bekannt, bei dem eine amerikanische Firma riesige Mengen solcher Daten "abgesaugt" und an die Polizei verkauft hat.

Aber die geschilderte technische Möglichkeit der Personenüberwachung öffnet auch Tür und Tor für einen nie dagewesenen

Missbrauch. Es geraten ja vorwiegend harmlose Zeitgenossen ins Visier der Ermittler, die dadurch "gläsern" werden! Da ist es vorbei mit der so geschätzten Privatsphäre! In einer Demokratie darf man darauf hoffen, dass der Gesetzgeber hier einen Riegel vorschiebt. Anders ist es jedoch in autoritär regierten Ländern, wo den Machthabern die neue Überwachungsmöglichkeit wie gerufen kommt. – Es zeigt sich halt wieder einmal, dass großartige technische Errungenschaften sowohl Segen als auch Fluch bedeuten können.

Lernende Automaten

Zum Lernen benutzen wir bekanntlich unser Gehirn. Wir sollten uns daher erst einmal ein Bild davon verschaffen, wie es funktioniert.

Unsere Großhirnrinde enthält schätzungsweise 10 Milliarden Nervenzellen, die Neuronen. Bei allem Formenreichtum kann man doch einen gemeinsamen Bauplan ausmachen. Eine Nervenzelle besteht aus einem Zellleib von komplexer biochemischer Zusammensetzung – es handelt sich um ein lebendes Gebilde, das auf ständige Sauerstoffzufuhr angewiesen ist und zu dessen wesentlichen Aktivitäten die Synthese von Proteinen gehört – und zweierlei Arten von Fortsätzen: Zum einen sind es die häufig verästelten Dendriten; sie dienen zum Empfang von Signalen in Gestalt von elektrischen Impulsen, die von anderen Nervenzellen, oder auch von Sinneszellen, kommen. Zum anderen gehen vom Zellleib, mit dem Axonhügel als Ursprung, Axonen aus, die wiederum Signale von der erregten Zelle zu anderen Nervenzellen, oder auch zu Muskeln oder Drüsen, hinleiten. In der Regel besitzt eine Nervenzelle nur ein Axon, das sich an seinem Ende in einzelne dünne Fasern aufspaltet.

Die Erregung der Zelle selbst ist eine periodische Abfolge charakteristischer kurzzeitiger Schwankungen (Anstieg mit anschließendem Abfall) der an der Zellmembran herrschenden Potentialdifferenz. Die Zelle ist um so stärker erregt, je kürzer der Abstand zwischen zwei aufeinanderfolgenden Schwankungen und dementsprechend je höher die Rate ist, mit der sie "feuert", d.h., elektrische Impulse aussendet. Die Potentialdifferenz im Ruhezustand hat ihre Ursache darin, dass die Konzentration von Natrium-Ionen innerhalb der Zelle sehr viel höher ist als außerhalb, während es sich bei den Kalium- wie auch den Chlor-Ionen gerade umgekehrt verhält. Ein ankommender elektrischer Impuls führt nun zu einer sprunghaften Erhöhung der Durchlässigkeit der Membran, was die anfänglich negative Potentialdifferenz uns Positive überschießen lässt. Danach kehrt die Potentialdifferenz schnell wieder zu ihrem Ruhewert zurück.

Dank der zahlreichen Verbindungen, die eine jede Nervenzelle eingeht, stellt das Gehirn angesichts der riesigen Zahl derartiger Zellen ein Netzwerk von unvorstellbarer Komplexität dar. – Wenn es Forscher gibt, die dieses System elektronisch nachbauen wollen (und denen es tatsächlich gelungen ist, Geld für dieses Projekt einzuwerben!) kann ich mich nur wundern. – Eine immer wiederkehrende Grundschaltung ist die Konvergenz-Divergenz-Schaltung: Es gehen in einer Zelle Signale von mehreren bis vielen vorgeschalteten Zellen ein (Konvergenz) und das Ausgangssignal verteilt sich wiederum auf mehrere nachgeschaltete Zellen (Divergenz). Des weiteren treten Kreisschaltungen auf. In einem solchen Kreis können einmal eingespeiste Impulse längere Zeit zirkulieren.

Eine wesentliche Besonderheit des Netzwerks der Nervenzellen besteht nun darin, dass – im Gegensatz zu Computerchips – die Verbindungsleitungen zwischen den Zellen nicht durchgehend sind. Vielmehr sind sie jeweils durch einen Spalt, eine sogenannte Synapse, unterbrochen. Diese Lücke befindet sich zwischen dem verdickten Ende einer Axonfaser und einer, häufig dornenartig vorspringenden, Haftstelle auf einem Dendriten oder dem Zellleib. Zur Überbrückung der Synapsen bemüht die Natur nun die Chemie. Sie bedient sich sogenannter Transmitter (Überträgersubstanzen). Ein auf der einen Seite einer Synapse, der sogenannten präsynaptischen Seite, ankommender Impuls setzt eine derartige Substanz frei. Diese diffundiert über den Spaltraum und sorgt so für die Weiterleitung des Impulses. In der Gegenrichtung ist die Synapse dagegen undurchlässig. Sie stellt also eine Einbahnstraße für ankommende Impulse dar. Die Synapsen legen somit die Flussrichtung der Signale und damit der Information fest. Doch sie leisten noch viel mehr, es gibt nämlich neben erregenden Synapsen auch hemmende, und das macht die Synapse zu einer elementaren Recheneinheit. Ihr Verhalten (Erregung oder Ruhezustand) wird durch das Zusammenspiel mit denjenigen Synapsen, erregenden wie hemmenden, bestimmt, die zur gleichen Zeit aktiviert sind. Maßgebend ist dabei nicht einfach die algebraische Summe der Beiträge der einzelnen Synapsen – ein Maß für die Stärke einer Synapse ist die jeweilige Impulsrate, die im Fall einer hemmenden Synapse negativ zu zählen ist, – vielmehr hängt der Beitrag einer Synapse auch von ihrer Entfernung vom Axonhügel ab. Es ist also keineswegs ausgemacht, dass ankommende Impulse die Zelle tatsächlich erregen und damit zum "Feuern" veranlassen. Sie kann vielmehr auch in Ruhe bleiben. Der Widerstreit zwischen Erregung und Hemmung bringt auf diese Weise charakteristische, zeitlich sich ändernde Erregungsmuster im Gehirn hervor. Gäbe es dagegen nur erregende Synapsen, so käme es nur zu einer diffusen Ausbreitung einer primären Erregung nach allen Seiten.

Bemerkenswert ist noch, dass sich die Natur mit der Einbeziehung chemischer Prozesse in die Gehirnvorgänge die Möglichkeit geschaffen hat, in die Aktivität des Nervensystems steuernd einzugreifen, wobei die Skala von äußerster Konzentration bis zu völliger Entspannung reicht. Aber der Einsatz chemischer Substanzen, sprich, Medikamente, kann auch zur Blockade bestimmter Signale und damit im besonderen zur Schmerzmilderung dienen, wie wir alle wissen. Und ausgesprochen segensreich ist natürlich die Möglichkeit einer Narkose oder, in einfachen Fällen, einer Lokalanästhesie. Die Kehrseite der Medaille ist allerdings, dass unser Gehirn so empfänglich für Drogen ist, was bekanntlich zu suchtartigem Verhalten führen kann.

Wenn ich mir das Gesagte durch den Kopf gehen lasse, komme ich aus dem Staunen nicht heraus, und es stellen sich u.a. folgende Fragen: Wie kann es unter Anwendung allein der Elektrochemie zu logischen Gedankenketten kommen, die bei allen Menschen (sofern sie sich nicht das Denken abgewöhnt oder nie angewöhnt haben) in ganz ähnlicher Weise ablaufen und zu genau denselben Schlussfolgerungen führen? (Die Mathematik liefert den Beweis dafür.) Wie können neue (d.h., noch nicht von anderen gedachte) Gedanken entstehen? Wir können außerdem auch über unser Denken selbst nachdenken – dabei fällt mir der treffende Aphorismus von Ambrose Bierce ein: "Das Gehirn ist ein Organ, das denkt, dass es denkt." Ja, ist es denn überhaupt möglich, unsere Denkprozesse zu verstehen? Kann denn ein System sich selbst erklären? Kein Wunder, dass die Hirnforscher vor anscheinend unlösbaren Rätseln stehen! Ich jedenfalls kann dem amerikanischen Wissenschaftler Emerson Pugh nur beipflichten, wenn er sagt: "Wenn unser Gehirn so einfach wäre, dass wir es verstehen könnten, wären wir so einfach, dass wir es nicht könnten." – Beinahe hätte ich das Wichtigste vergessen zu erwähnen, die (uns so selbstverständlich erscheinende) Tatsache nämlich, dass die Gehirnprozesse in der Regel von Bewusstsein begleitet werden. Das ist für mich das Wunder aller Wunder! Nur so können wir ja wahrnehmen, denken, fühlen und uns bewegen, mit einem Wort, *sein.*

Stellen wir nun einmal einen Vergleich zwischen unserem Gehirn und dem modernen Computer an!

(1) Ein grundsätzlicher Unterschied zwischen den beiden Systemen besteht bereits darin, dass der Computer digital arbeitet (ein Basiselement kann nur zwei Werte annehmen, die üblicherweise durch Null und Eins dargestellt werden), das Gehirn dagegen analog (eine Nervenzelle kann ja, wie bereits erwähnt, in unterschiedlicher Stärke angeregt werden, was bedeutet, dass die auf ihrer Membran herrschende Potentialdifferenz mit unterschiedlicher Rate schwanken kann). Allein schon dadurch hat das Gehirn einen viel größeren Spielraum als der Computer bei der Informationsverarbeitung und -speicherung.

(2) Ein weiterer wichtiger Unterschied liegt darin, dass das Gehirn nicht wie ein Computer nach obrigkeitsstaatlichen Prinzipien organisiert ist. Statt dessen herrscht Gleichberechtigung zwischen den einzelnen Nervenzellen. Es gibt daher keine Trennung in einen Zentralprozessor und einen Speicher. Vielmehr vereinigt eine jede Nervenzelle die Funktionen der Informationsverarbeitung und des Gedächtnisses (im Verein mit anderen Nervenzellen) in sich.

(3) Die Verknüpfung der einzelnen Nervenzellen miteinander nimmt unvorstellbar Ausmaße an. An Hand von elektronenmikroskopischen Aufnahmen kann man abschätzen, dass es in der Hirnrinde 100 Billionen bis zu einer Trillion Synapsen gibt. Das bedeutet, dass eine Nervenzelle im Durchschnitt Sig-

nale von 10 Tausend anderen empfängt und an ebensoviele ein Signal schickt. Auf der Platine eines Computers ist dagegen ein (miniaturisiertes) elektronisches Bauelement mit weniger als 5 anderen verbunden! In unserem Gehirn schwirrt somit ständig eine Unzahl von "Informationshäppchen" herum, woraus sich, wie wir alle wissen, Wahrnehmungen, Gedanken, Schlussfolgerungen, nicht zu vergessen Gefühle der unterschiedlichsten Art, und als Meisterstück der Evolution das Ich-Bewusstsein "herauskristallisieren". Das Erfolgsgeheimnis des Gehirns lautet also Parallelverarbeitung der Daten, und darin unterscheidet es sich – rein rechentechnisch gesehen – grundlegend vom Computer. Dank dieser Technik, bei der eine ungeheure Zahl von Informationsprozessen gleichzeitig abläuft, kann sich das Gehirn die ausgesprochen langsame Ausbreitung der Signale in den Nervenbahnen leisten. Die Impulse laufen etwa siebenmillionenmal langsamer als die elektromagnetischen Impulse in einem Computer, die mit Lichtgeschwindigkeit durch die leitenden Verbindungen rasen!

(4) Schließlich zeichnet sich das Gehirn dadurch aus, dass die einzelnen Nervenzellen nicht ein für allemal in bestimmter Weise vernetzt sind. Das Netzwerk wird vielmehr ständig umgebaut, wobei sich im besonderen die Zahl der Haftstellen der Synapsen verändert. Diese Plastizität des Gehirns wird offenkundig durch die bekannte Tatsache, dass die Funktionen ausgefallener Hirnbereiche häufig von anderen übernommen werden. Das zeigt deutlich, dass Aggregate von Nervenzellen "umlernen" können. Des weiteren spricht viel dafür, dass auch die Kopplungsstärke vorhandener Synapsen, die sogenannte Synapsenstärke, veränderlich ist. Hierauf beruht wahrscheinlich unsere Fähigkeit zu ler-

nen. Damit sind wir endlich bei unserem eigentlichen Thema angelangt!

Der Lernprozess im Gehirn verläuft wahrscheinlich so, dass sich die Synapsenstärke der beteiligten Nervenzellen so lange ändert, bis man das Angestrebte – sei es eine körperliche Fertigkeit wie das Binden von Schnürsenkeln oder ein Fortschritt in der geistigen Entwicklung wie das Lesen – schließlich "kann". Dieses Können ist also in den unterschiedlichen Kopplungsstärken der räumlich verteilten Synapsen, und somit global, gespeichert. Da der Erfolg dieser Lernmethode außer Frage steht, nimmt es nicht wunder, dass sie sich die KI-Forscher zum Vorbild nahmen. Tatsächlich lassen sich Neuronennetze auf dem Computer ohne große Mühe simulieren (wenn auch in starker Vereinfachung), und man kann sich auch mathematische Regeln ausdenken, nach denen die Synapsenstärken (im Modell sind dies einfach Parameter) im einzelnen zu bestimmen sind.

Betrachten wir nun etwas genauer das erfolgsorientierte Lernen! Nehmen wir als Beispiel das Ballwerfen. Ich möchte lernen, ein Ziel zu treffen. Dazu muss ich üben, und das geht so vor sich, dass ich viele Male probiere und dabei jedesmal eine Bewertung vornehme. Ich schimpfe laut oder leise, oft auch nur innerlich, vor mich hin, wenn ich das Ziel verfehlt habe, werde vielleicht sogar wütend, wenn es gar nicht klappen will. Andererseits empfinde ich ein Gefühl der Befriedigung (habe ein "Erfolgserlebnis"), wenn mir ein guter Wurf gelungen ist. Im Laufe der Zeit lerne ich so, immer besser zu treffen. Offenbar spielt bei dem Lernprozess (der selbst völlig unbewusst erfolgt!) die Bewertung der einzelnen Versuche eine ganz wichtige Rolle. Sie wirkt auf die Schaltung der beteiligten Neuronen –

im Sinne einer Optimierung – zurück. Sie muss daher auch ein wesentliches Element des Lernens in künstlichen neuronalen Netzen sein.

Auf dem Computer wird ein derartiges Netz in Gestalt dreier Schichten von Modellneuronen implementiert, nämlich der Eingabe-, der verborgenen und der Ausgabeschicht. Synaptische Verbindungen bestehen nur zwischen Neuronen in aufeinanderfolgenden Schichten, ein jedes Neuron der Eingabeschicht übermittelt Signale grundsätzlich an alle Neuronen der verborgenen Schicht, und ein jedes Neuron dieser Schicht wirkt wiederum im Prinzip auf alle Neuronen der Ausgabeschicht ein. In der Eingabeschicht wird durch äußere Signale ein Eingabemuster erzeugt, und in der Ausgabeschicht entsteht dann das Ausgabemuster. Die zu lösende Aufgabe ist allgemein von folgender Art: Teile eine durch die Eingabemuster repräsentierte Gesamtheit von Objekten in feststehende Klassen ein. Die (nach "Meinung" des Systems) zutreffende Klasse wird dann im Ausgabemuster angezeigt. Es handelt sich also darum, in Eingabemustern, die in der Regel von photographischen Aufnahmen stammen, verschiedene Gegenstände zu unterscheiden, etwa einen Menschen von einem Esel.

Der Lernprozess sieht nun so aus, dass man das System in einer Trainingsphase eine Reihe ausgewählter Beispiele "durchexerzieren" lässt, wobei feststeht, welches Ergebnis das jeweils richtige ist. Dabei verfehlt das System die Zielvorgabe in der Regel, und die auftretenden Fehler werden nun dazu benutzt, ihm "auf die Sprünge zu helfen". Im einzelnen geht man so vor: Man lässt das System anfangs mit zufällig gewählten Werten für die Synapsenstärken arbeiten. Aus den Abweichungen der erhaltenen Ausgabemuster von den richtigen werden mit Hilfe eines geeigneten Algorithmus Änderungen der Kopplungsstärke der einzelnen Synapsen errechnet und daraufhin am System vorgenommen. Mit diesen Änderungen wird die Prozedur wiederholt, und das tut man so oft, bis die Fehler schließlich minimal werden. Dann hat das System sein Pensum gelernt. Ganz wichtig ist, dass es nun befähigt ist, auch ähnliche Aufgaben mit einer geringen Fehlerquote zu lösen.

Bemerkenswert ist, dass man dem System überhaupt nicht "gesagt " hat, nach welchen Kriterien es vorgehen soll. Beispielsweise wird ihm nicht mitgeteilt, welches die charakteristischen äußeren Merkmale eines Hundes sind. Es entwickelt vielmehr eine eigene (in der Regel vom "Übungsleiter " nicht erkennbare) Strategie, es programmiert sich sozusagen selbst und unterscheidet sich damit grundlegend von einem normalen Computer, dem das von einem Programmierer entwickelte Programm haarklein vorschreibt, was er zu tun hat. Ganz wesentlich ist, dass es in der Trainingsphase einer Aufsichtsperson bedarf, die ihm die gemachten Fehler mitteilt. Man spricht daher von "überwachtem Lernen " – wie in der Schule.

Im Gegensatz zu einem lernenden Automaten braucht man dem Menschen von früher Kindheit an einen Gegenstand nur einmal zu zeigen, dann kennt er ihn fürs ganze Leben. Er benötigt keine detaillierten Hinweise auf charakteristische Merkmale. Die findet er schon selber heraus. Offenbar handelt es sich dabei um ein uraltes genetisches Erbe. So muss einem Antilopenkind die Mutter einen Löwen auch nur ein einziges Mal zeigen (und ihm dabei klar machen, was für eine entsetzliche Gefahr er darstellt). Eine lange Lernphase wäre wahrscheinlich tödlich!

Ein Lebewesen kommt jedoch sogar oft ohne Lehrer aus. Wenn beispielsweise ein kleines Kind beim Laufenlernen auf die Nase fällt, ist ihm unmittelbar klar, dass es etwas falsch gemacht hat, und es versucht es beim nächsten Gehversuch besser zu machen. Das Kind hat keine bewusste Vorstellung davon, wie es das tun soll, es probiert halt weiter, bis es schließlich klappt. Eine wichtige Rolle spielt dabei auch die Motivation: das Kind *will* nicht mehr nur auf allen Vieren herumkrabbeln, sondern es den Erwachsenen gleichtun. Und von einer Motivation kann natürlich bei einem Computer überhaupt keine Rede sein.

Wie schon gesagt, bleibt rätselhaft, woran sich das lernende System bei der Bilderkennung im jeweiligen Fall orientiert. Dazu gibt es bereits aus der anfänglichen Forschung einen zur Vorsicht mahnenden Fall, von dem Joseph Weizenbaum berichtet. Die Aufgabe bestand darin, auf Luftaufnahmen zu erkennen, ob in einem Wald Autos oder Panzer versteckt waren. Das System lernte sehr erfolgreich, aber eigentlich ging es zu schnell. Eine Nachprüfung ergab dann, dass es ein sehr einfaches Entscheidungskriterium entwickelt hatte, es orientierte sich nämlich an den Schatten, die die Objekte warfen. Des Rätsels Lösung: Die Aufnahmen der Autos waren immer vormittags, die der Panzer dagegen nachmittags gemacht worden!

Ein ähnlicher Fall verblüffte erst kürzlich die Forscher. Das System sollte erkennen, ob sich auf einem Foto ein Pferd befindet oder etwas anderes. Es lernte ebenfalls ungewöhnlich schnell und traf dann immer ins Schwarze. Es stellte sich dann heraus, dass sich das System den Deubel um das Bild scherte. Vielmehr konzentrierte es sich auf den linken unteren Bildrand. Dort stand nämlich im Kleindruck "Pferdefotoarchiv.de". Ganz schön clever, nicht?

Beispiele für ausgesprochene Fehlleistungen konnte man kürzlich im "Spiegel" (Nr. 45, 2019) finden. Ich zitiere: "Ein neuronales Netz, trainiert fürs Erkennen von Bildern, hielt einen Pilz für eine Brezel. Ein Stoppschild, um 90 Grad gedreht, ging als Hantel durch. Und auf dem Foto eines Faultiers, das in kaum sichtbaren Details manipuliert war, erkannte die künstliche Intelligenz einen Rennwagen. Dass schnelle Autos nicht in Bäumen herumzuhängen pflegen, störte sie nicht weiter."

Ein Jahr früher schrieb der "Spiegel" (Nr. 6, 2018): "Zu den lästigsten Widersachern des lernfähigen Computers von heute zählt ein kleiner Farbfleck. Er ist knallbunt, wirr gemustert und erinnert an einen psychedelischen Lollipop. Und er besitzt, wie es scheint, hypnotische Macht über die Maschine. Ein Forscherteam bei Google hat diesen Farbfleck ausgetüftelt. Er soll die automatische Bilderkennung des Computers außer Kraft setzen. Der sieht dann überall nur noch Toaster, egal was man ihm zeigt: Bananen, eine Badeente, die Bundeskanzlerin – alles Toaster."

Das zeigt, dass man das System regelrecht austricksen kann. Damit sind wir wieder bei dem grundsätzlichen Dilemma der KI-Forschung angelangt. Der Computer hat kein Verständnis dafür, was es in der Welt so an Gegenständen und Lebewesen gibt. Wie könnte er auch? Er ist ja außerstande, selbst entsprechende Erfahrungen zu machen, und erklären kann man es ihm auch nicht. Da kann man noch so viel Alltagswissen in ihn hineinstopfen – er kapiert es trotzdem nicht. Im besonderen sind ihm allgemeine Sachverhalte wie das Kausalitätsprinzip (die Ursache kommt vor der Wirkung) oder die Tatsache, dass sich ein Ding nicht gleich-

zeitig an zwei verschiedenen Orten befinden kann, böhmische
Dörfer. Doch wie wollen Sie ihm das denn auch beibringen?

Resümee

Mit seiner enormen Rechengeschwindigkeit sticht der Computer mühelos unser Gehirn aus. Es hat mit seiner altertümlichen elektrochemischen Grundausstattung einfach keine Chance. Doch bei all seiner Brillanz hat der Computer ein großes Handicap: Er versteht grundsätzlich nicht ein einziges Wort von dem, was er sagt. Es ist ihm einfach nicht möglich, mit seinen Nullen und Einsen etwas zu verbinden, was wir Sinn nennen. Es fehlt ihm dazu halt so etwas wie Bewusstsein. Da muss man sich schon fragen: Kann man denn bei so einem "Hochgeschwindigkeitstrottel" überhaupt von Intelligenz sprechen? (Manche sagen ja, die Bezeichnung künstliche Dummheit wäre angemessener.)

Da erscheint es nützlich, sich daran zu erinnern, wie der Begriff "künstliche Intelligenz" überhaupt in die Welt kam. Es waren amerikanische Wissenschaftler, in erster Linie Hans Morawec und Marvin Minsky, die – begeistert von den technischen Möglichkeiten, die die stürmisch wachsende Computerbranche bot – diesen Begriff schufen und so weithin Enthusiasmus verbreiteten. Zwar waren ihre kühnen Zukunftsvisionen nicht gerade optimistisch, jedenfalls, was die weitere Entwicklung des homo sapiens angeht, – ich erinnere daran, dass sie ihm eine Karriere als Haustier bei den neuen "Masters of the Universe" in Aussicht stellten – , aber sie beeindruckten vielleicht gerade mit solchen Sprüchen andere Wissenschaftler. Von den phantastischen Prognosen ist heute nicht mehr viel übrig. Auch auf die Entdeckung eines neuen mathematischen Satzes haben wir vergeblich gewartet. Aber der Begriff "künstliche Intelli-

108

genz“ hat sich gehalten, und er übt gerade heute eine gewisse
Faszination nicht nur auf Experten, sondern auch auf Politiker
aus. (Daran erkennt man, dass die Möglichkeit, in der Schule
die schweren Fächer Mathe/Physik abzuwählen, nicht folgenlos
geblieben ist.) Man kann allerdings gerade die letzteren verstehen, wenn sie aus berufenem Munde Sätze wie diese hören:
“KI erhöht die Wettbewerbsfähigkeit, die Umweltqualität und
die Lebensqualität der Menschen“ (Henning Kagermann, Vor-
sitzender des Kuratoriums der Deutschen Akademie der Tech-
nikwissenschaften, im Jahre 2019).

Fragen wir uns heute, was hat uns denn tatsächlich die Entwicklung der künstlichen Intelligenz Bedeutsames gebracht, so
würde ich die Wirklichkeit gewordene umfassende Personenüberwachung an erster Stelle nennen. Sie hat ja in der Tat einschnei-
dende Konsequenzen für die Gesellschaft und im besonderen
Maße für unser Privatleben. Ob Sie sich darüber freuen oder
nicht, ist Ihre Sache. Jedenfalls nutzen sie autoritäre Staaten-
lenker in bisher undenkbarer Weise aus.

Eine unerwünschte Folge des “KI-Hype“ könnte allerdings
sein, dass wir die Pflege unserer eigenen Intelligenz weiter ver-
nachlässigen. Darum mein (zugegebenermaßen unmaßgeblicher)
Rat: Versuchen Sie ab und zu, auch einmal etwas im Kopf zu
rechnen – oder wenigstens abzuschätzen, schrecken Sie nicht vor
dem Lesen längerer Texte zurück (greifen Sie gelegentlich gar
zu einem etwas anspruchsvolleren Buch), und schreiben Sie Ihre
Liebesbriefe wie in der guten alten Zeit mit der Hand! (Das verleiht denen zugleich eine persönliche Note!) Erfreuen Sie sich an
Ihrem Verstand und machen Sie regen Gebrauch von ihm! Es
gibt nichts Besseres!